国网河南省电力公司“网上电网”典型应用集锦

（2021年版）

国网河南省电力公司经济技术研究院◎组编

中国电力出版社
CHINA ELECTRIC POWER PRESS

内 容 提 要

本书为“网上电网”典型应用案例集锦，是对国家电网有限公司“网上电网”系统推广实施过程中，国网河南省电力公司省市县三级在具体电网规划、前期、计划、投资和统计工作实践的应用案例。每篇案例均从背景介绍、应用详情和成效总结三个方面进行详细阐述，且在应用详情中均按照业务应用流程和系统实际操作过程进行展现。

本书涉及 9 个领域内容，包括助推“双碳”目标落地、支撑电网科学规划、辅助电网精准诊断、助力管理水平提升、保障脱贫攻坚大局、提升应急保障能力、推动基层减负增效、保障社会民生需求、夯实数据应用基础。

本书可以为国家电网有限公司系统省市县三级发展专业人员和“网上电网”建设应用人员提供实用化借鉴，为设备、营销、调度、建设等专业人员提供有益参考，也可作为电力系统及自动化等相关专业的学习爱好者应用入门的基础教程。

图书在版编目（CIP）数据

国网河南省电力公司“网上电网”典型应用集锦：2021 年版 / 国网河南省电力公司经济技术研究院组编. —北京：中国电力出版社，2022.12

ISBN 978-7-5198-7052-2

Ⅰ. ①国…　Ⅱ. ①国…　Ⅲ. ①互联网络–应用–电网–案例–河南　Ⅳ. ①TM769

中国版本图书馆 CIP 数据核字（2022）第 170647 号

出版发行：中国电力出版社
地　　址：北京市东城区北京站西街 19 号（邮政编码 100005）
网　　址：http://www.cepp.sgcc.com.cn
责任编辑：罗　艳（yan-luo@sgcc.com.cn）
责任校对：黄　蓓　常燕昆
装帧设计：张俊霞
责任印制：石　雷

印　　刷：三河市万龙印装有限公司
版　　次：2022 年 12 月第一版
印　　次：2022 年 12 月北京第一次印刷
开　　本：710 毫米×1000 毫米　16 开本
印　　张：14
字　　数：244 千字
印　　数：0001—1500 册
定　　价：78.00 元

前 言

新一轮科技革命与产业革命方兴未艾，数字化转型是传统企业危中寻机的必然选择，也是经济社会发展的大势所趋。在此背景下，国家电网有限公司从2020年全面启动新一代数字智能化发展业务平台——“网上电网”（PIS 2.0）系统的推广实施工作。这是国家电网有限公司顺应能源革命与数字革命融合并进趋势、抢占未来发展制高点的重要创新举措，是深入践行国家电网有限公司建设具有中国特色国际领先的能源互联网企业战略的具体体现，也是促进国家电网有限公司和电网管理现代化、数字化、智能化的一次重要转型升级。

数字化转型，时不我待。按照国家电网有限公司统一部署，国网河南省电力公司迅速推进落实，于2020年4月正式启动“网上电网”推广实施工程，成立了建设工作领导小组和工作组，全面深入推进“网上电网”建设应用工作。两年来，国网河南省电力公司持续贯彻落实“大力推、加快用”“一年一大步、三年上台阶”等总要求。发展部、互联网部“双牵头”，各相关专业部门横向协同，国网河南省电力公司经济技术研究院（简称省经研院）、国网河南省电力公司信息通信公司（简称省信通公司）“双支撑”，18个市公司、108个县公司纵向联动，完成各项建设应用任务。

系统性工程，久久为功。2020年，国网河南省电力公司取得了“4期双第一、连续3期双第一”的亮点成绩。完成了系统硬软件部署，实现发展、调度、设备、营销、建设等多套专业系统贯通和主要专业数据融合，初步实现“数字孪生电网”数据库和“电网一张图”可视化，逐步开展线上规划、前期、计划、投资、统计等业务应用，为2021年深化应用奠定了坚实基础。2021年，继续扎实落地“深化应用年”工作部署。推动“一网一图一平台”[1]架构建设，持续开展功能优化和示范应用，不断完善“图数一体”数字孪生电网数据库，常

[1] “一网”指图数融合一体的数字孪生电网。“一图”指多型、多景、多规、多态的一图纵览。“一平台”指发展五大专业业务应用平台。

态化推进“应用、中台、源端”的全链条数据治理，依托平台组织省市县开展各业务领域深化应用，着力挖掘大数据价值，形成众多工作成果。截至 2021 年 10 月底，在“网上电网”论坛入选典型应用案例 13 个，并经遴选至国家电网有限公司《“网上电网”应用案例集锦》10 个。

站在新起点，再接再厉。国家电网有限公司于 2021 年 10 月正式启动“网上电网”全面实用化工作，深入落实“一网一图一平台”架构，并确定“2022 年发展业务单轨化、常态化线上运行”目标。鉴于此，为做好全面实用化落地，指导省市县各单位高效应用好平台，充分发挥数字化支撑发展业务能效，开展《国网河南省电力公司“网上电网”典型应用集锦（2021 年版）》（简称“应用集锦”）编撰工作。本应用集锦在发展部、互联网部等指导下，由省经研院牵头组编，协同省信通公司和河南“网上电网”项目组，组织市县公司联合编撰完成。

工欲善其事，必先利其器。应用集锦以入选“网上电网”论坛的 13 个案例为基础，对“网上电网”系统推广实施以来的近 60 个应用案例进行了全面、细致的梳理和打磨。从选题方向、专业领域、内容质量、实际效用和推广价值等方面，进行多维度筛选、多层级评审和多轮次统筹修订，组稿形成了 27 项建设应用典型案例。总体来讲，应用集锦呈现了以下四大特点。一是涵盖全面，益于广泛学习借鉴。包括了助推“双碳”目标落地、支撑电网科学规划、提升应急保障能力等九个领域，涵盖了规划、前期、计划、投资、统计五类发展业务，以及数据集成治理工作等，涉及省市县 21 家单位。二是结构清晰，助于整体快速把握。案例均从背景介绍、应用详情和成效总结三个方面进行详细阐述，且在应用详情中均按照业务应用流程和系统实际操作过程进行展现。三是内容翔实，便于对照研究实践。特别针对应用详情内容，对应附上了系统实际操作过程的功能界面清晰截图，且在图上对重要信息进行了标注。四是高效实用，利于实际推广应用。在每个篇章开始，均对章节内容进行了统领性概括，总结了每个案例的所属专业领域、所用系统关键功能和所得出的应用结论，以及最终达到的成效和目标。

迎接数字时代，激活整体潜能。坚持“用好平台为管理赋能、为电网高质量发展服务”的理念，希望通过应用集锦的编撰和发布，能够为省市县发展专业人员和“网上电网”建设应用人员提供实用化借鉴，为调度、设备、营销、建设等专业人员提供有益参考，也可为相关专业的学习爱好者提供应用入门的基础教程。汇集合力共同助推“网上电网”全面实用化，支撑好发展业务全链条网上管理、图上作业、线上服务，实现发展业务单轨化、常态化线上运行目标，助力公司数字化转型和高质量发展，助推新型电力系统构建。

众人拾柴火焰高。在本应用集锦编撰过程中，国家电网有限公司“网上电网”建设应用总部领导和专家给予了悉心指导，在此，谨向刘道新、胡航海，以及高璐、李榛、张震雷、张明鸣、吴献立等表示衷心感谢！同时，参编应用集锦的各单位，根据编委会评审建议，反复修订、积极完善，为应用集锦高质量成稿付出了大量努力；河南九域腾龙信息工程有限公司技术专家郝新超、娄媛媛辅助支撑，组织汇稿、校核、排版，为应用集锦高效率印制付出了大量汗水，在此一并致以诚挚谢意！

人无完人，文无至文。由于时间和水平限制，本应用集锦难免存在疏漏之处，恳请各位领导、同仁和读者批评指正。谢谢！

因工作原因，本应用集锦相关敏感数据进行了适当处理，望广大读者须知！

编委会及编写工作组

2022 年 3 月

图 例 说 明

变 电 站

- 500kV 变电站
- 220kV 变电站
- 110kV 变电站
- 35kV 变电站

输 电 线 路

- 1000kV
- 800kV
- 750kV
- 500kV
- 330kV
- 220kV
- 110kV
- 35kV
- 10kV

配 电 站（室）

- KG 开关站
- HW 环网室（箱）
- PD 配电室
- DF 电缆分支箱
- XB 箱式变电站
- BC 充换电站
- DP 低压配电箱

电　厂

火电厂 500

火电厂 110

抽水蓄能电站 500

抽水蓄能电站 110

规划水电厂 500

规划水电厂 110

光能发电站 500

光能发电站 110

风力发电站 500

风力发电站 110

垃圾电站 500

垃圾电站 110

换流站 500

换流站 110

火电厂 220

火电厂 35

抽水蓄能电站 220

抽水蓄能电站 35

规划水电厂 220

规划水电厂 35

光能发电站 220

光能发电站 35

风力发电站 220

风力发电站 35

垃圾电站 220

垃圾电站 35

换流站 220

换流站 35

目 录

★★ 表示该案例已入选“网上电网”论坛，并遴选至国家电网有限公司《“网上电网”应用案例集锦》。
★ 表示该案例已入选“网上电网”论坛。

第一章

助推“双碳”目标落地

◎ **案例 1** 国网河南经研院《基于“网上电网”提出断面加强方案破解 X 区域电力外送难题》

◎ **案例 2** L 供电公司《活用“网上电网”助力 L 市“双碳”目标实现》

◎ **案例 3** C 供电公司《依托“网上电网”多维数据分析服务“双碳”目标》

◎ **案例 4** Y 供电公司《高效开展新能源并网服务 助力实现“双碳”目标》

◎ **案例 5** W 供电公司《“网上电网”助力河南氢能源基地建设》

案例 1 针对 X 区域新能源外送难题情况，使用“区域发用电量平衡分析”功能，论述了 X 区域典型的电力外送特性，应用“断面整体运行和功率叠加”功能，剖析了 X 区域外送断面长期重载运行且存在短时超限的情景，综合提出了“电网优化线路工程”加强方案，并纳入“十四五”规划，实现了 X 区域外送断面扩容和外送能力提升的规划目标。

案例 2 依托“网上电网”系统，为了改变 L 市高耗能企业为主的产业结构和传统火电为主的能源结构，应用“电网一张图”和“电网发展诊断”功能，辅助新经济企业稳定发展；应用“分标签电量”功能，个性化定制监测行业电量；应用“电网发展诊断”功能和“气象模块”，展示统计区域新能源电厂的发展运行情况，为“碳中和，碳达峰”的目标实现，提供有效的决策支持和数据服务。

案例 3 借助“用户电量监测”“SGCC 实验室”“县公司经营分析”三大统计分析功能，以“外部宏观－电量监测－经营分析”三维一体，开展了煤炭工业与铝生产行业重点监测、SGCC 电力景气指数试验和市县两级的经济活动分析，以有效的数据和趋势分析支撑了统计分析业务。本案例有效缓解了传统工作模式繁杂的数据收集、统计和处理困境，极大地提升了市县供电公司数字化分析支撑水平。同时，加强了政企联动，为政府部门能源决策、产业升级政策制定等提供了参考，助力了 C 市“双碳”目标落地工作。

案例 4 针对 Y 市 JYLYTC 风电场接入系统方案拟定的问题，使用“电网一张图”功能，分析电网接入点，应用“运行水平”和“网架情况”功能，分析相关站点负荷情况及消纳能力，综合提出了 JYLYTC 风电场 35kV 接入 110kV NJ 变电站方案，提升了新能源接入系统方案拟订环节的效率，高效服务新能源项目并网。

案例 5 针对 HL 高新技术集聚区氢能源基地规划建设情况，使用“源网荷统计”功能，快速预览区域电网概况，精准把控行业发展区域和集聚区扩建方向，应用“卫星图”和“设备曲线分析”功能，对用户接入线路和集聚区电网进行初步诊断分析，依托大数据对现有电网进行分析诊断，研判用户接入方式，极大地提升了用户接入系统的工作效率和工作精细化程度。本案例对于提升营商环境和优化用户接入方式具有典型示范意义。

案例 1

基于"网上电网"提出断面加强方案破解 X 区域电力外送难题[1]

一、背景介绍

X 区域是河南省典型的综合能源基地，火电、水电、风电、太阳能装机规模近 1700 万 kW。"十四五"期间，电源总装机规模将达到 2100 万 kW 以上（含 SXLB 直流送入 105 万 kW），新能源达到 520 万 kW，占比 24%。随着新能源装机规模的增加，电力盈余将进一步增大，X 区域外送断面压力也将持续加剧。在这样的背景下，国网河南省电力公司紧密依托国家电网有限公司新一代智能规划平台"网上电网"系统开展典型应用。针对 X 区域盈余电力情况，使用"区域发用电量平衡分析"功能，论述了 X 区域典型的电力外送特性，应用"断面整体运行和功率叠加"功能，剖析了 X 区域外送断面长期重载运行且存在短时超限的情景。综合提出了"电网优化线路工程"加强方案，并纳入"十四五"规划，形成了 X 区域外送断面扩容和能力提升的规划落地举措，将有效解决 X 区域电力外送难题。

二、应用详情

1. 分析 X 区域概况

X 区域包括 H 市、Z 市、W 市 3 个地市。首先，使用系统提供的"统计—自定义区域框选"功能，可查看该区域具体情况。将 X 区域全部框选后，

[1] 该案例于 2022 年 3 月 22 日获得国家电网有限公司 2021 年度大数据应用典型成果奖。

点击“保存自定义区域信息”，便于后续快捷调用。

框选 X 区域源网荷等信息可快速统计呈现（见图 1、图 2），框选区域 35kV 及以上变电站 417 座，输电线路 917 条。点击“电源”可以看到 X 区域发电装机规模情况。综合考虑 X 区域负荷增长（2025 年将达到 1150 万 kW）、新能源出力系数季节性动态变化（0.37～0.61）等因素影响，“十四五”期间，X 区域新能源消纳和盈余电力外送的压力将持续增大。

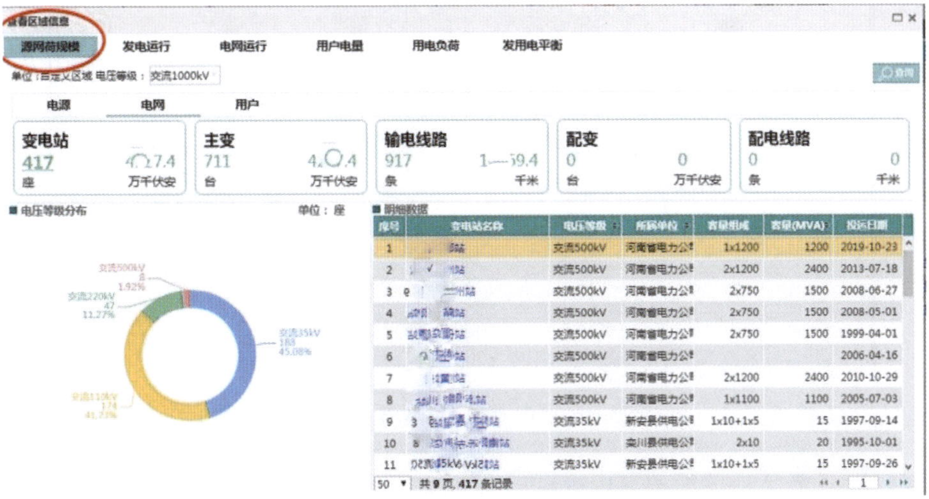

图 1 框选 X 区域电网详情示意图

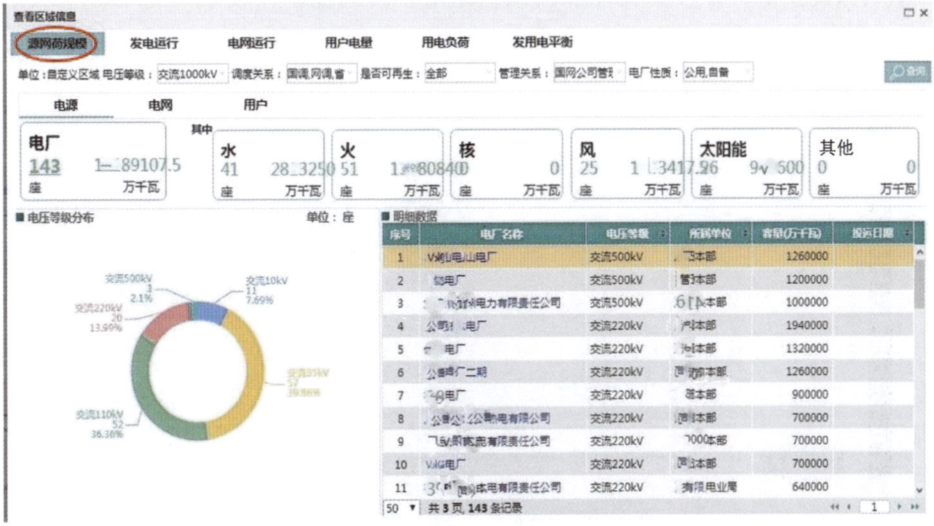

图 2 框选 X 区域电源情况示意图

2. 分析 X 区域发用电平衡情况

使用“发用电平衡”按钮，可以快速获取 X 区域发用电平衡信息（见图 3）。从数据来看，2020 年 X 区域电网全年发电量约 680 亿 kW·h，全社会用电量约 604 亿 kW·h，再考虑 LB 直流受入 SX 电量约 82 亿 kW·h，则表明该区域属于典型的电力外送区域。

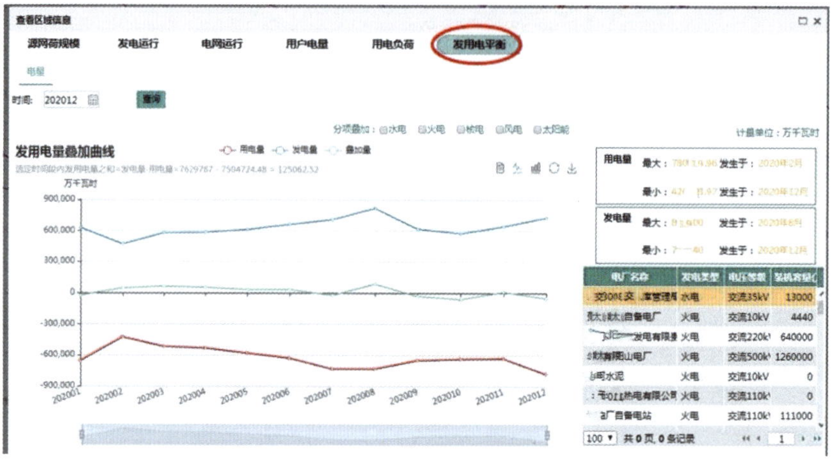

图 3　X 区域发用电平衡情况示意图

3. 分析 X 区域断面整体运行情况

X 区域外送断面由 MS（MS 至 SS）Ⅰ、Ⅱ回线，HZ（HD 至 C）线，JG（JH 至 GC）Ⅰ、Ⅱ回线共计 5 回线路组成，其调度运行极限为 3320MW（如图 4 所示）。

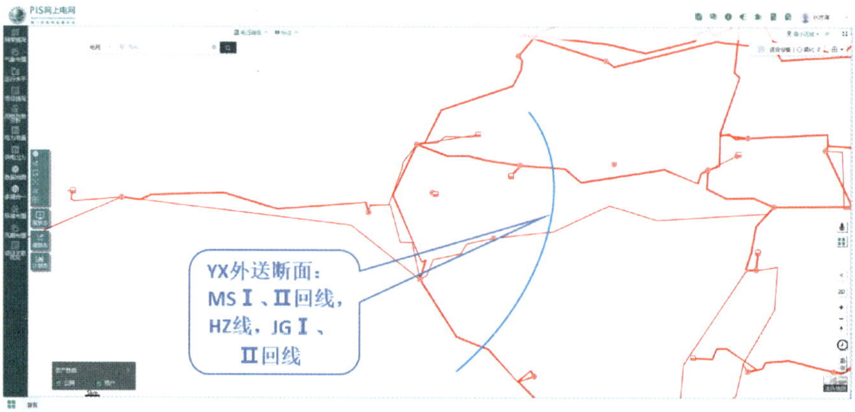

图 4　500kV X 区域外送断面示意图

点击 MS Ⅰ回线路“查看详情”按钮，进入“负荷”子页面，选择 2019 全年，可以看到线路负荷曲线（见图 5）。

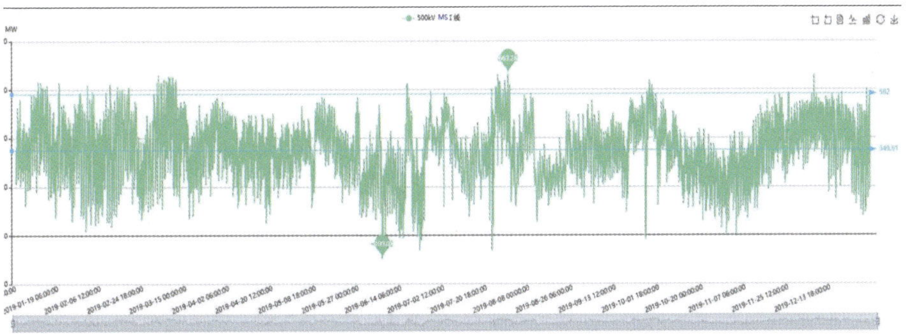

图 5　2019 年 MS Ⅰ线 500kV 线路负荷曲线示意图

点击“添加设备”按钮，将 5 条线路的负荷曲线集中展示，再进行“叠加分析”，得到 2019 年 X 区域外送断面运行数据（见图 6）。从叠加数据来看，2019 年度冬期间，该断面输送功率长期在调度运行极限 3320MW 重载运行，并短时超限运行，最大功率达到 3736MW。随着“十四五”期间 X 区域电源装机增加，X 区域断面外送盈余电力整体将增加至约 4800MW。因此，X 区域存在弃风弃光风险，需考虑断面扩容规划。

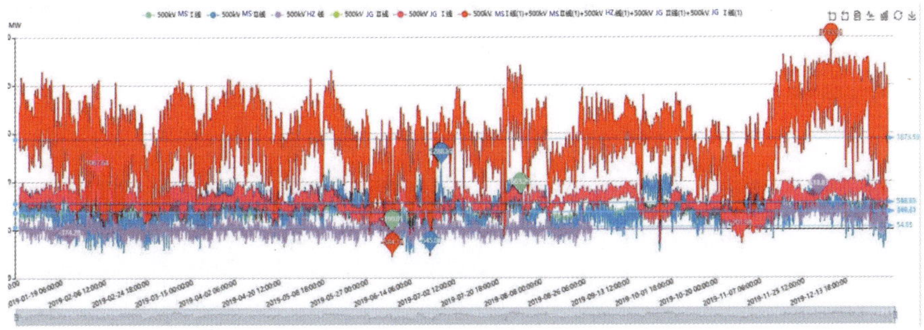

图 6　2019 年 500kV X 区域外送断面整体运行情况示意图

4. 研究提出相应解决措施

在“十四五”规划中提出解决措施（见图 7）：实施电网优化线路工程（新建 500kV MS－HJ 单回线路、500kV YZ 变电站 π 接Ⅱ MJ 线路 2 个单体项目）。实施后 X 区域外送断面增至 6 条线，外送能力提升至 4800MW，可有效推动解决 X 区域电力外送难题。目前，该项目已纳入“十四五”规划，且已通过可研审查和方案核准环节，于 2022 年开工建设。

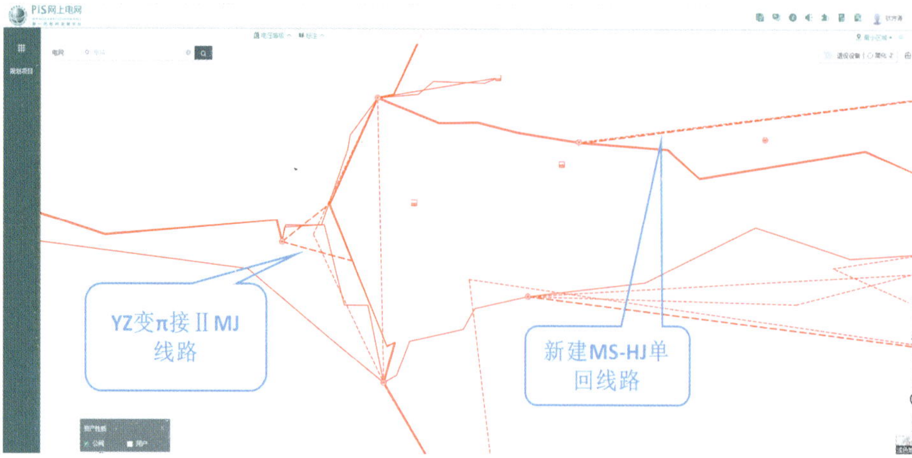

图 7　X 区域外送断面 500kV 加强方案示意图

三、成效总结

本案例依托“网上电网”平台，形成三个方面的应用成效。一是平台应用水平得到显著提升。高效便捷进行了区域发用电量平衡分析、断面整体运行数据分析和输送功率叠加计算等工作，以“图数一体”模式全景展示和实现了全年运行数据、最大功率、最大功率出现时段等信息。二是案例应用成果得到充分发挥。完成 X 区域典型电力外送特性的科学研究，挖掘了 X 区域外送断面长期重载运行且存在短时超限情况的数据价值，保障了断面加强方案破解 X 区域电力外送电网规划的必要性研究论证，有力辅助了电网“十四五”规划，对于推动能源清洁低碳转型和促进“碳达峰、碳中和”目标实现具有典型示范意义。三是案例应用成效得到充分推广。本案例依托“网上电网”平台的应用模式和分析方法，对于研究分析送出型区域电网电量平衡，以及 220kV 和 500kV 各类断面问题具有广泛参考价值，已被总部作为典型应用案例在系统内进行了推广，各兄弟省电力公司借鉴开展了类似应用，积极促进了工作效率和智能规划支撑水平的整体提升。

主要完成人：许长清　毛玉宾　吴　博　蒋小亮　程昱明

案例 2

活用“网上电网”助力 L 市“双碳”目标实现

一、背景介绍

L 市是河南省老工业基地，主导产业多是传统产业和重工业，虽然因此赢得了“钢铁城市”的称号，但也进入了“钢铁兴，L 市兴，钢铁损，L 市损”的发展境地。同时，在 2015 年 L 市能源结构统计中，L 市传统火力发电已达到近 85%的高占比。在中央财经委员会第九次会议上重点指出，“十四五”是碳达峰的关键期、窗口期，L 市高耗能企业为主的产业结构和传统火电为主的能源结构亟待调整转型。在此背景下，L 供电公司提出运用国家电网有限公司新一代智能规划平台“网上电网”系统来助力 L 市“双碳”目标的实现。针对以高耗能企业为主的产业结构提出产业转型，利用“电网一张图”功能，辅助新经济企业电力落地，使用“分标签电量”功能，个性化定制监测行业电量，针对以传统火电为主的能源结构进行能源调整，使用“源网荷储设备统计”功能，统计展示新能源电厂的发展情况，提供有效的决策支持和数据服务。

二、应用详情

1. 利用“网上电网”辅助新经济企业稳定发展

为加快 L 市产业转型，辅助 L 市“双碳”目标实现，L 市大力鼓励企业节能减排，以 ACGF 公司为首的新材料企业逐步成立。ACGF 公司成立于 2019 年 1 月，是集光伏玻璃研发、生产、销售为一体的大型企业，光伏玻璃原片生产线 5 条，光伏玻璃深加工生产线 5 条，年产光伏玻璃成品 3379 万 m^2。

以该企业为案例，自 2019 年 1 月成立起，L 供电公司根据企业用户需求决定新建用户变电站 XC 变电站。根据用户变电站选址、企业报装容量和 L 市电网网架情况，确认 XC 变电站通过 DX 线接入公用变电站 220kV DJA 变电站等事项，于 2019 年 9 月正式投入运行，企业实现稳定生产。

到 2021 年 5 月企业生产规模逐步增大，新增光热玻璃生产线，光热电站用基板年产能将达到 410 万 m^2，节能幕墙基板 343 万 m^2，初始容量已不满足企业使用，企业根据发展情况新增报装容量 40MVA。L 供电公司通过“网上电网”首页“电网一张图”功能定位至 220kV DJA 变电站（见图 1）。

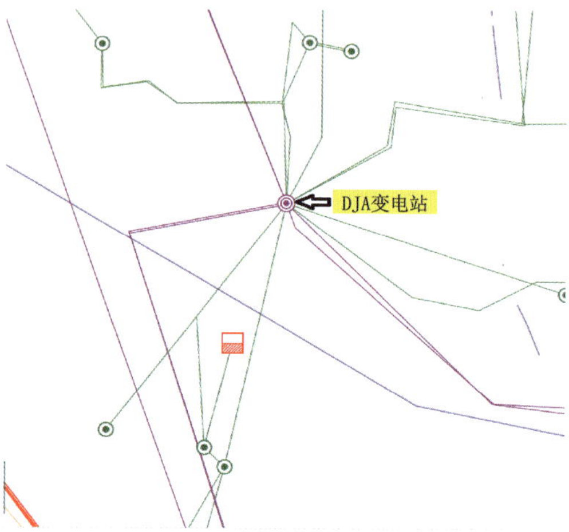

图 1　DJA 变电站网架示意图

通过“查看详情”功能中“运行情况”，查看 DJA 变电站 2021 年 5 月前运行情况（见图 2）。

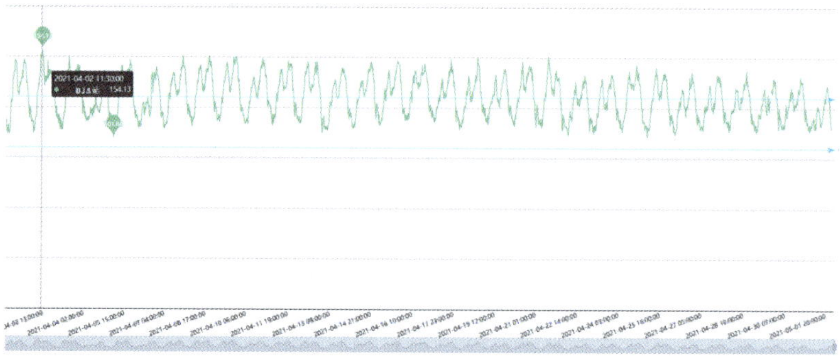

图 2　DJA 变电站 2021 年 5 月前负荷曲线示意图

分析得出 2021 年 5 月前 DJA 变电站最大运行负荷约为 154MW，DJA 变电站可接入最大经济运行负荷为 400MW，计算可得出，可满足用户变电站 XC 变电站新增报装容量 40MVA 接入。

通过“查看详情”功能中运行情况，查看 DJA 变电站 2021 年 5 月后负荷情况（见图 3）。

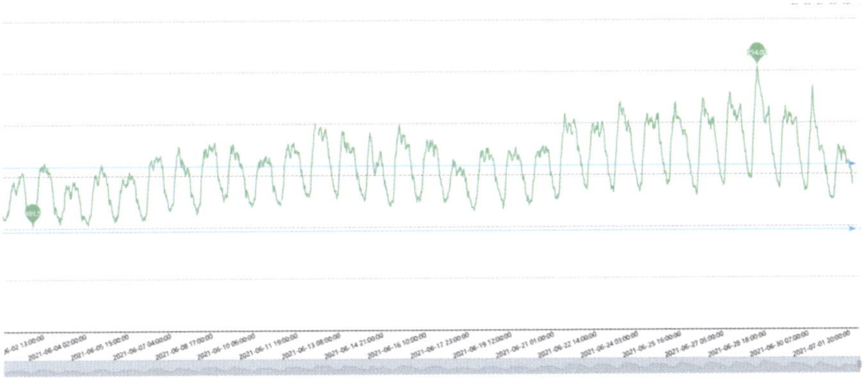

图 3　DJA 变电站 2021 年 5 月后负荷曲线示意图

分析得出 DJA 变电站 2021 年 5 月后最大运行负荷约为 254MW，对比 2021 年 5 月前 DJA 变电站负荷情况，在接入新增报装容量 40MVA 后，DJA 变电站运行情况仍为经济运行，无重过载情况出现，肯定了 L 供电公司通过“网上电网”分析的新增报装容量方案的可行性，成功保障了 ACGF 公司稳定发展，助推 L 市“双碳”目标实现。

2. 利用“网上电网”售电量标签功能监测新经济产业电量

L 市为谋划产业转型格局，实现“碳中和，碳达峰”目标。近年来引进了新一代信息技术、高端装备制造业、新材料产业、生物产业、新能源汽车、新能源产业、节能环保产业七大新经济产业类型，共 101 家企业。因所属行业性质不同，行业分类分布分散，无法对引进新经济产业类型进行电量集中监控，及时反映行业发展情况。

为辅助 L 市产业更稳定的转型，实现“碳中和，碳达峰”目标。L 供电公司利用“分标签电量”功能对这七大新经济产业类型进行实时电量监控，为政府“双碳”目标决策提供数据支撑。

以节能环保产业标签为例，5 月 20 日至 6 月 20 日期间平均电量保持在 182 万 kW • h，其中，6 月 2～5 日电量骤减为平均 97 万 kW • h，疑似为电量异常（见图 4）。

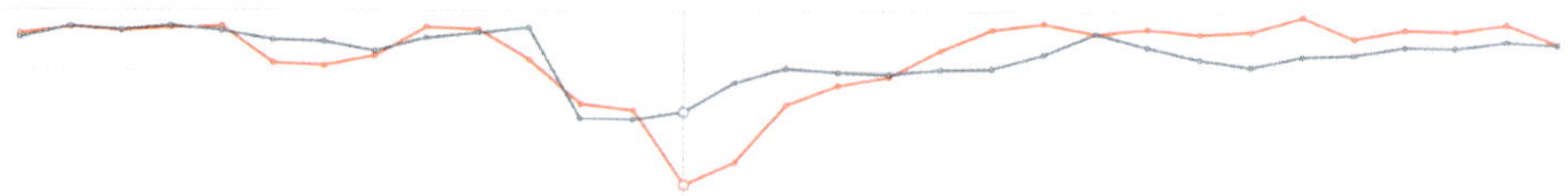

图 4　节能环保产业电量示意图

穿透节能环保产业疑似异常日 6 月 3 日和正常日 6 月 15 日电量，导出节能环保产业标签用户电量，节能环保产业标签共 18 个用户。对比两日电量，得出 6 月 3 日因 MSHN 公司和 AGYT 公司用电量共减少电量 78 万 kW·h，占节能环保产业电量减少近 87%，是导致节能环保产业标签电量降低的主要原因。后经 L 供电公司与企业联系得知，MSHN 公司和 AGYT 公司在 6 月 2～5 日为设备检修日，产能下降，导致用电量大幅减少，无异常。

3. 利用“网上电网”分析新能源电厂情况

L 供电公司为改变能源结构，实现“碳中和，碳达峰”目标，L 市通过对气候资源和各种气象灾害发生的概率进行综合分析，L 市地域适合风能和光伏能源的开发和利用。从 2014 年起，L 供电公司积极配合新能源电厂发电上网，逐步提升新能源电厂占比。利用“网上电网”“发供用统计”功能，分别查询 2015 年和 2020 年发电生成综合情况。

通过“现状电网诊断”功能，分析得出 L 市区域内新能源电厂发展情况（见图 5）。

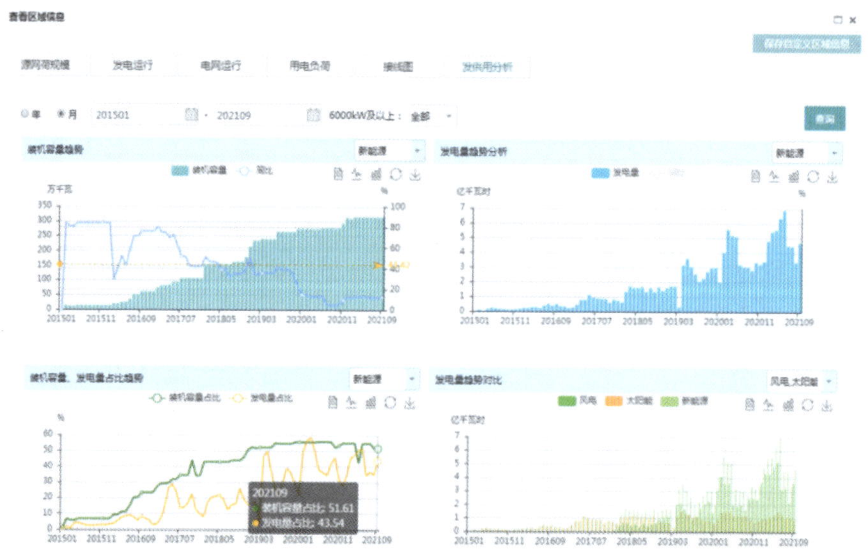

图 5　L 市区域电厂发展示意图

通过“网上电网”分析可以得出新能源电厂占比在逐年增加，截至 2021 年 9 月新能源电厂容量占比约达到 50%，新能源上网电量占比约达到 41%。数据表明新能源电厂上网电量占比逐步增大，正在逐步改变了 L 市能源结构。

运用“电网发展诊断”中“现状电网诊断”功能，自定义区域框选 NH 县部分电厂区域，查看自定义区域信息，个性化定制分析区域内新能源电厂。

在 NH 县部分电厂区域信息内查看电厂发电运行情况，以 2021 年 1 月和 2021 年 2 月两期为例（见图 6、图 7）。

图 6　2021 年 1 月区域电厂运行情况示意图

分析得出该区域内电厂 2021 年 1 月和 2 月上网电量分别为 5000kW · h 和 8000 万 kW · h。2 月较 1 月上网电量增加 3000 万 kW · h 电量，其中，SF 发电厂上网电量增加 2700 万 kW · h，是 2 月较 1 月上网电量增多的主要原因。运用首页“电网一张图”中气象专题模块，查看地面气象月值格点数据，对比分析 1 月和 2 月平均风速（见图 8、图 9）。

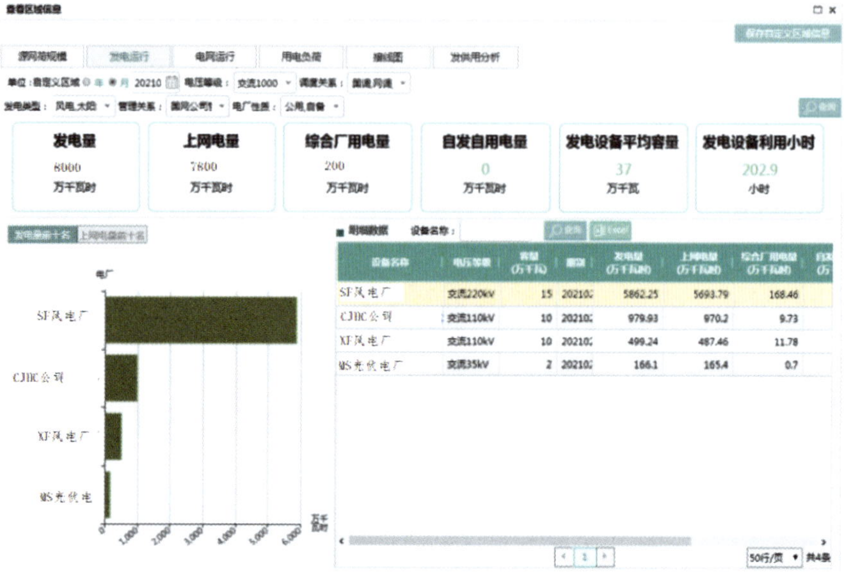

图 7　2021 年 2 月区域电厂运行情况示意图

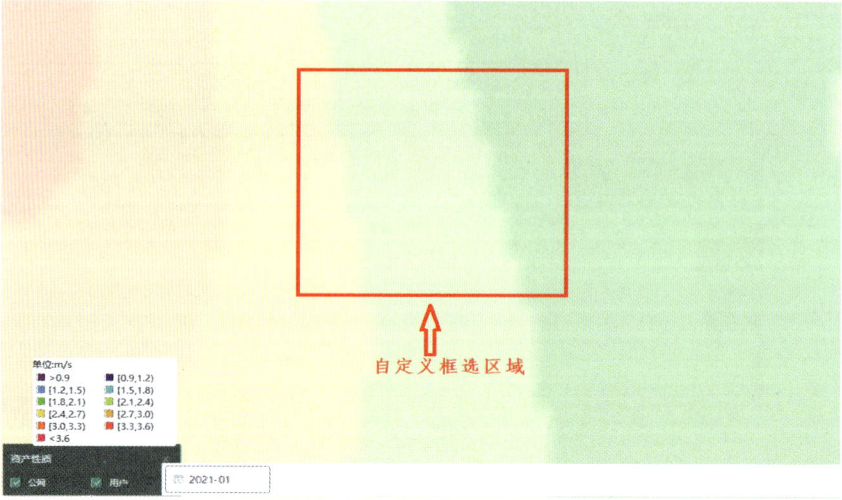

图 8　2021 年 1 月 L 市平均风速示意图

从上图可得出 1 月平均风速为 1.8～2.1m/s，2 月平均风速为 2.4～2.7m/s，平均风速相差为 0.6m/s，是造成发电厂增加上网电量 2700 万 kW・h 的主要原因。

通过分析区域内新能源电厂运行情况和气象信息，可以直观的监控区域内新能源电厂的上网电量和影响因素，为此后预测新能源电厂发电量提供了直观的数据支持。

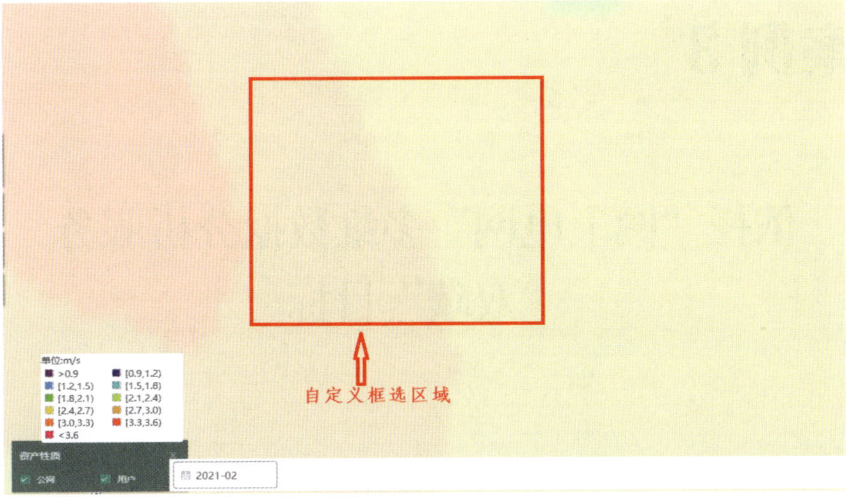

图 9　2021 年 2 月 L 市平均风速示意图

三、成效总结

一是案例可推广性强，通过“网上电网”“分标签电量”功能，个性化定制服务 L 市产业转型，可使用于特色行业、产业集聚区、工业园区等电量统计监测，同时可服务于有特殊要求的电量监控单位，本案例经验具有广泛的推广使用价值。

二是“网上电网”大数据优势明显，利用“电网一张图”“源网荷设备统计”的强大功能，对 L 市产业转型和能源结构调整提供了数据支撑，为 L 市“双碳”目标实现提供决策支持和数据服务。有效提升了工作效率，数据监控更精益，同时扩大了“网上电网”的使用范围，真正实现了图上作业，线上服务的业务新模式。

主要完成人：刘国栋　党　彬　王伟峰　王振华　赵金涛

案例 3

依托“网上电网”多维数据分析服务“双碳”目标

一、背景介绍

C 供电公司借助“用户电量监测”“SGCC 电力指数分析”“县公司经营分析”三大统计分析工具，以“外部宏观—电量监测—经营分析”三维一体，开展数据分析，以有效的数据和趋势分析服务 C 供电公司“双碳”目标。

二、应用详情

C 市目前工业结构中，以铝生产为主导的有色金属冶炼加工业占比较高，用电量占全社会用电量比重 5.1%～5.7%，如图 1 所示，行业变动直接影响全市的工业电量，并且支撑电解铝生产的是 C 市以火电为主的电源结构，是 C 市考虑“双碳”目标落地的重要一环。

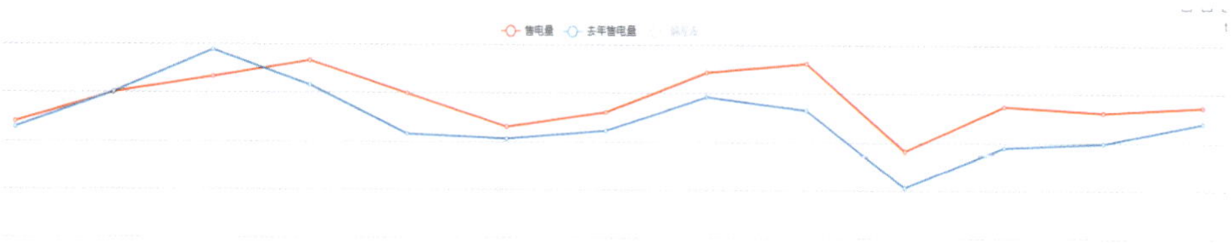

图 1　有色金属冶炼加工业电量占全社会用电量比重示意图

同时，C 市具备一定的煤炭资源禀赋，但是在能源绿色低碳发展、淘汰煤电落后产能的大趋势下，煤炭工业产量逐年下降，煤炭工业与铝生产一直作为重点监测行业。

在传统统计监测上，行业售电量受到营销发行售电量影响，存在着不同期、日监控难度大、需人工处理报表等种种困难。但是“网上电网”可以通过“同期电量监测”功能，直观展示了全行业日电量，点击行业名称“有色金属及其延展加工”进行穿透，如图 2 所示。

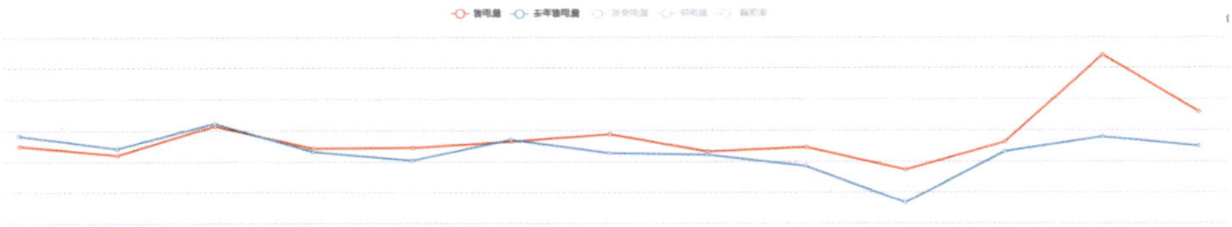

图 2　点击行业名称“有色金属及其延展加工”进行穿透示意图

其中，红色折线为 2021 年电量，蓝色折线为同期电量。可以很明显看出，2021 年铝生产电量较同期相比，增长趋势明显，1～5 月累计电量同比增长 37%，产量在 2021 年 4 月得到较大提升，5 月发生减少。

点击煤炭行业进行穿透，如图 3 所示。

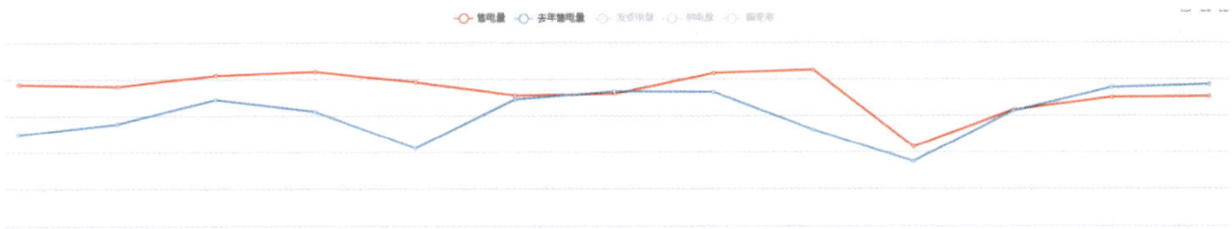

图 3　点击煤炭行业进行穿透示意图

煤炭生产电量较同期相比波动较大，累计电量较去年同期增长 7%，5 月也呈下降趋势，5 月电量同比减低 7%。

通过“打标签的方式”开展更详细的分析，通过“分标签电量监控”功能，将重点铝生产用户打上标签，发现重点用户电量在 4～5 月未出现明显增长，如图 4 所示。

那么通过电量对比，在铝生产行业中，目前趋势为“电量保持较高增长，但 5 月增速放缓”；煤炭生产行业中，目前趋势为“电量保持稳定，5 月增速放缓”。接下来通过 SGCC 电力指数实验室进行宏观分析。

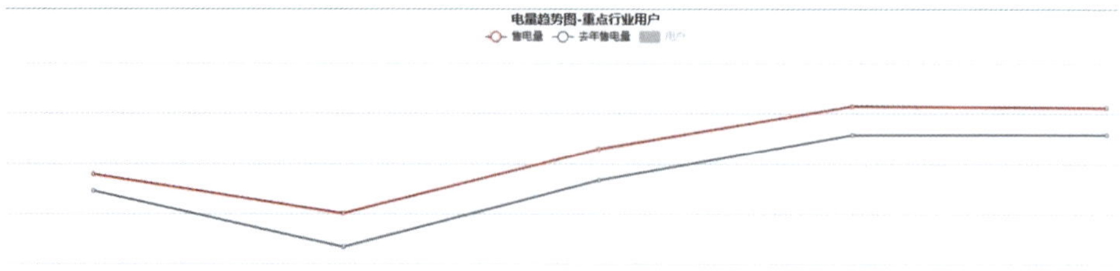

图 4　重点用户电量在 4～5 月电量未出现明显增长示意图

1. SGCC 电力指数，宏观形势紧密跟踪

C 供电公司通过积极与市统计局汇报沟通，以“政企合作”的方式获取了 4 种主要宏观指标、8 类主要工业产品，如图 5 所示。并以此为基础开展多项 SGCC 电力指数实验，考虑到铝生产放缓的情况，C 供电公司通过“铝材—氧化铝”产量开展 SGCC 经济实验。

图 5　4 种主要宏观指标、8 类主要工业产品示意图

在实验室中实验结果展示为一致指数、先行指数、滞后指数、基准指数，以及景气指数预警灯，如图 6 所示。

从实验结果自动分析中可以看到，用电景气指数一致指数约为 95，环比下降 2，连续 2 个月环比下降，反映出铝生产存在下降趋势，用电景气指数曲线，如图 7 所示。

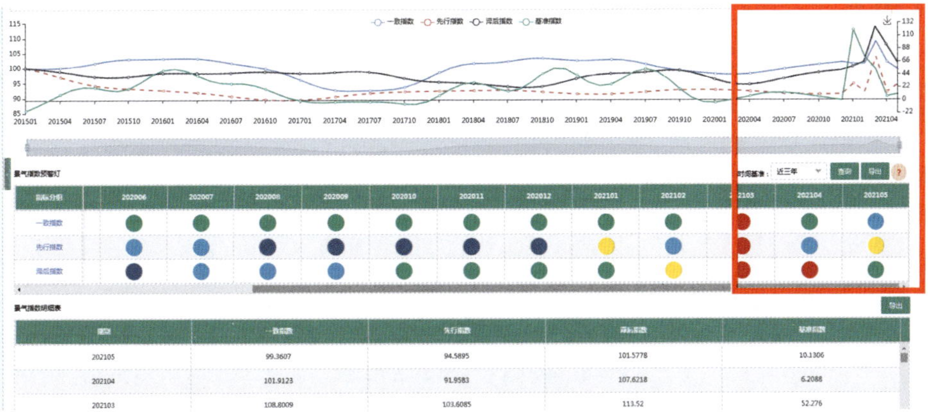

图 6　一致指数、先行指数、滞后指数、基准指数，以及景气指数预警灯示意图

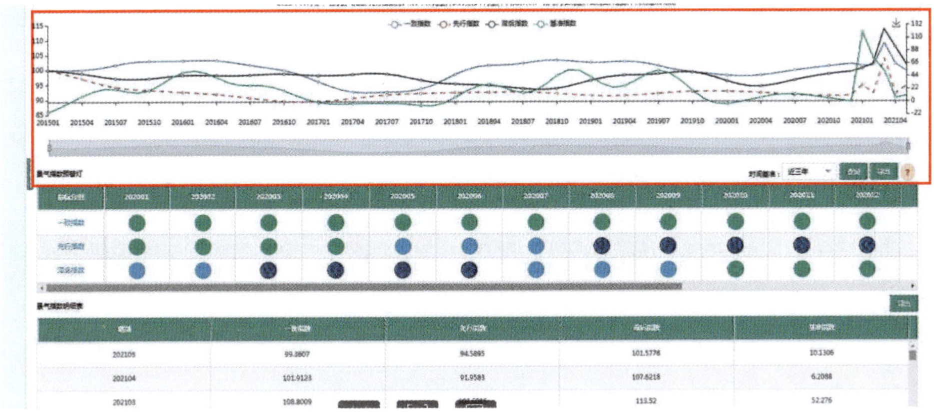

图 7　用电景气指数曲线示意图

但是从先行指数来看，用电景气指数先行指数约为 90，环比上升 2.63，仅 1 个月环比上升，预计下季度产业存在回升可能性。根据电量以及 SGCC 整体趋势，判断出，“铝生产将在 5、6 月持续走低，但是存在回升的趋势”。

从宏观上得到了趋势判断，也需要从具体原因上进行分析。C 供电公司通过 “网上电网” 以“县公司经营分析” 为核心，从各个方面开展市－县两级的经济活动分析。

2. 县公司经营分析，精益化管理支持

县公司经营分析通过集成 29 张表格，并且自动生成分析报告，极大地减少了县供电公司统计人员花费在收集报表上的精力，转而将精力放在详细分析上。

通过查看 GY 供电公司 5 月县公司生产经营月报，可以发现 GY 报告一重点铝冶炼企业停机检修，如图 8 所示。

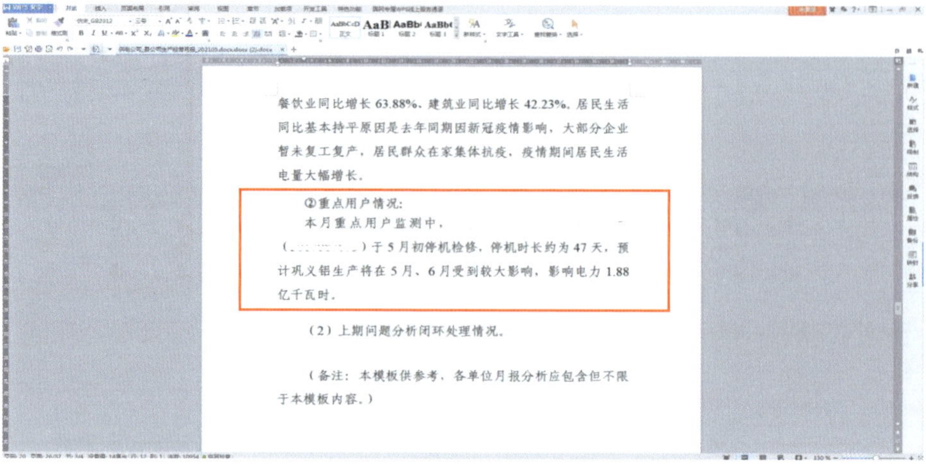

图 8　GY 供电公司 5 月县公司生产经营月报示意图

通过“用户电量明细”功能，的确验证了该企业于 5 月 1 日停机检修。4 月 30 日用户电量明细查询，如图 9 所示。

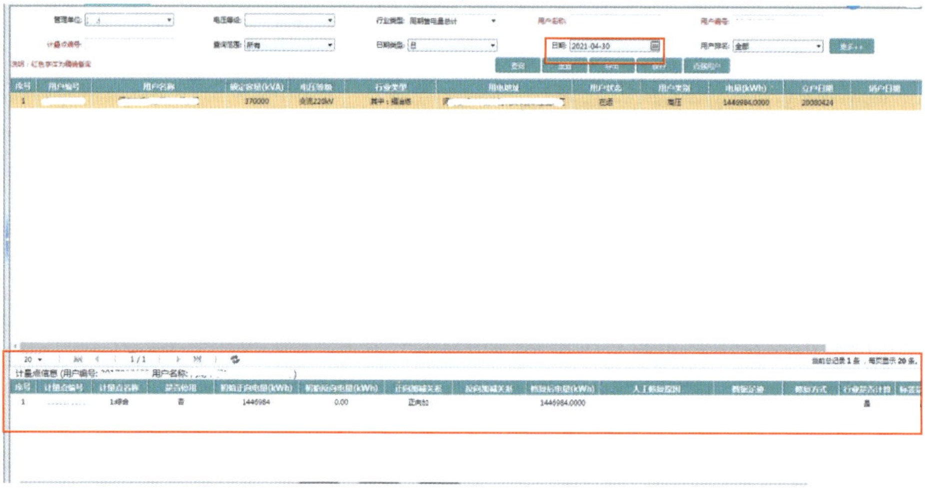

图 9　4 月 30 日用户电量明细示意图

5 月 1 日用户电量明细查询，如图 10 所示。

通过县公司报告，找到了铝生产在 5 月发生下降的原因，并且与之前分析判断的趋势吻合。

为了服务“双碳”目标，要求煤炭主产区的 DF、XM 两家供电公司在报告中增加煤炭生产专题分析，通过查看 XM 供电公司 5 月份县公司生产经营月报。得出了“受环保政策影响，2021 年产能同比增加是因为 2020 年整体关停影响，同比于 2019 年，煤炭产能整体呈下降趋势”。

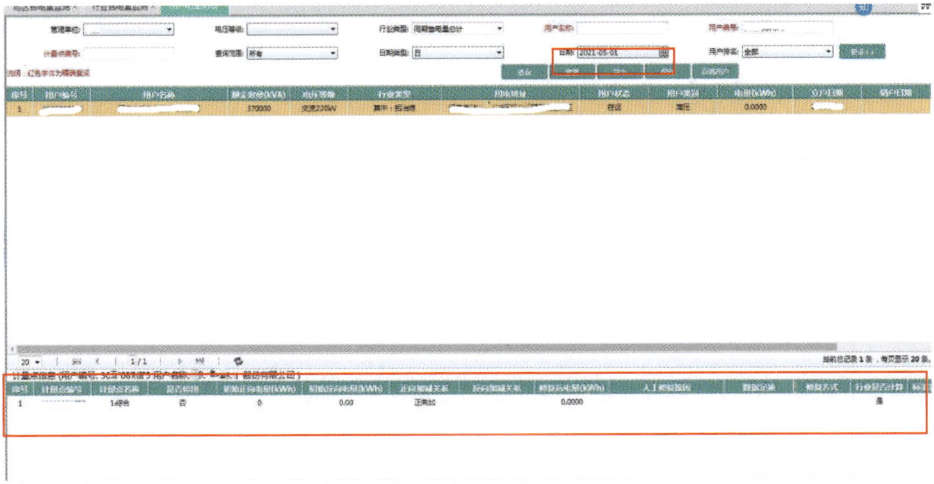

图 10　5 月 1 日用户电量明细示意图

三、成效总结

C 供电公司通过构建基于“网上电网”的多维分析体系，不仅解决了统计专业繁杂的数据处理问题，还通过 SGCC 实验展现宏观趋势，加强了政企联动。同时解放了数据收集工作，集中精力进行分析，大大提升了县供电公司人员的分析能力。

成效上取得了良好的监测效果，为产业升级提供有效数据，并且通过煤生产等能源监测为 C 市能源配置等提出了有效建议。

主要完成人： 朱逸超　辛　军　黄　凯

案例 4

高效开展新能源并网服务　助力实现“双碳”目标

一、背景介绍

为深入推进“碳达峰、碳中和”目标落地，加快构建以新能源为主体的新型电力系统，Y 供电公司高效开展新能源并网服务。截至 2020 年年底，Y 市全社会最大负荷 1700MW，并网风电、太阳能等新能源装机 400MW，新能源渗透率 23.5%。预计“十四五”末，Y 市全社会最大负荷 2400MW，考虑在建及纳入河南省风电开发方案的新能源项目，新能源装机将超过 1200MW，新能源渗透率达到 50%。新能源的快速发展对电网规划和消纳保障能力提出更高要求，需要充分论证新能源接入方案。

在这样的背景下，Y 供电公司紧密依托新一代智能规划平台“网上电网”系统，深入开展新能源并网服务技术支撑。以“电网一张图”功能，掌握电网整体情况；应用“运行水平”和“网架情况”功能，研究风电场出力特性、拟接入站点的负荷特性和消纳空间；通过“间隔资源”功能，落实接入方式；最后，结合“卫星地图”功能，初步确定送出线路的路径方案。从安全、经济、效益等多个维度研制并优化新能源接入系统方案，高效服务新能源并网。本案例以 JYLYTC 22MW 风电场接入为例进行介绍。

二、应用详情

1. Y 市供电区概况

Y 市供电区包括 C 区、H 区、Z 区、W 县和 Y 县。首先，使用系统提供的

“电网一张图”，可查看一下该供电区具体情况。

截至 2020 年年底，Y 市电网有 35kV 及以上变电站 68 座，变电容量 9112MVA。其中，500kV 变电站 2 座，容量 2500MVA；220kV 变电站 12 座，容量 3540MVA；110kV 变电站 33 座，容量 2700MVA；35kV 变电站 21 座，容量 372MVA。Y 市电网以 500kV SL 变电站、YC 变电站为支撑，依托 220kV ZH 电厂等重要火力电源，形成 220kV 市区双环网供电网络，110kV 变电站基本实现双电源供电。

2. Y 市风力资源及装机情况

Y 市属于温带季风气候、四季分明，风能资源较丰富，根据《风电场风能资源评估方法》（GB/T 18710—2002）评判标准，风功率密度等级为 1 级，冬、春季风力较大，夏、秋季风力较小。截至 2020 年底 Y 市地区已并网风电 355MW，其中，市辖区风电场 1 座，装机 35MW，为 FY 风电场 35kV 接入 LC 变电站；Y 县风电场 2 座，装机 210MW，RY 风电场 110kV 接入 DU 变电站、KA 风电场 T 接 110kV Ⅰ JW 线；W 县风电场 2 座，装机 110MW，FX 风电场 110kV 接入 MC 变电站、HQ 风电场 110kV 接入 DZ 变电站。

3. 分析典型风电场接入及其周边电力设施情况

以 JYLYTC 风电场（简称 TC 风电场）接入为例，使用系统提供的“电网一张图”，可查看该风电场接入及其周边电力设施具体情况（见图 1）。该风电场位于 Y 市 Y 县 TC 镇境内，设计装机容量 22MW，该风电场风功率密度等级为 1 级，平均风功率密度为 220W/m^2，风电场年等效满负荷小时数预计为 2731h。周边有 110kV NJ 变电站（2 台主变压器，容量 50+63MVA）、110kV LY 变电站（2 台主变压器，容量 50+63MVA）和 35kV TC 变电站（2 台主变压器，容量 2×11MVA），以及 35kV LT 线（型号 LGJ－120+LGJ－95）、NT 线（型号 LGJ－120+LGJ－95）。

从图 1 可以看出 TC 风电场分别距离 110kV NJ 变电站 4.3km、110kV LY 变电站 6.8km、35kV TC 变电站 1.6km。

根据《配电网规划设计技术导则》（Q/GDW 1738—2020），6～100MW 电源宜接入 35、66、110kV 电压等级。在满足供电安全及系统调峰的条件下，接入单条线路的电源总容量不应超过线路的允许容量；接入本级配电网的电源总容量不应超过上一级变压器的额定容量以及上一级线路的允许容量。TC 风电场装机容量 22MW，宜通过 35kV 电压等级接入电网。

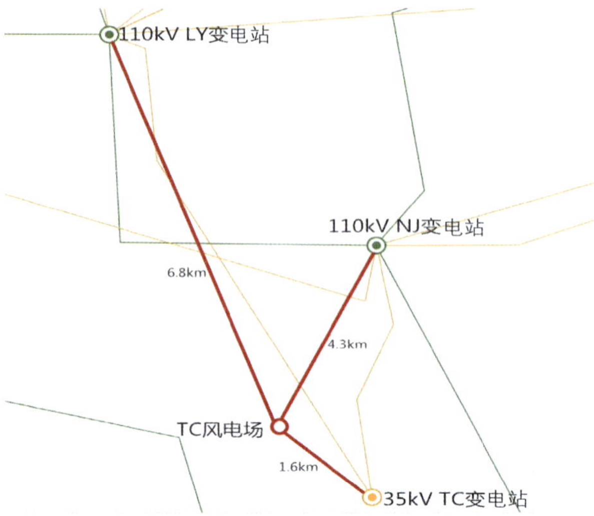

图1　TC风电场周边变电站示意图

4. 分析周边风电场出力特性

选取与TC风电场机位临近的RY风电场出力特性作为出力系数参考。RY风电场装机110MW，通过110kV DR线接入220kV DQ变电站，2021年1月并网。使用“运行水平”模块穿透功能，分析RY风电场2021年出力情况（见图2），2021年最大出力约98MW，出力率约97%；平均出力28MW，平均出力率27%。

根据RY风电场实际出力情况，考虑当地风资源情况，TC风电场最大出力选取全容量出力，即最大出力22MW。

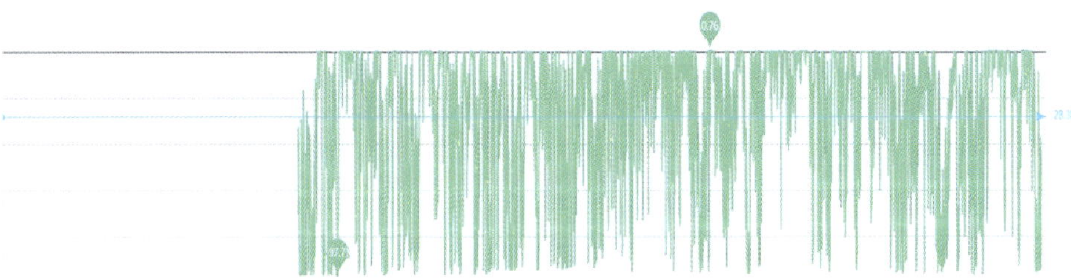

图2　RY风电场出力情况示意图

5. 分析周边变电站负荷特性及接入能力分析

根据《河南省发展和改革委员会关于调整河南省“十三五”分散式风电开发方案的通知》（豫发改新能源〔2019〕539号），TC风电场接入电压等级应为110kV及以下，并在110kV及以下电压等级内消纳，不得向110kV的上一级电压等级电网反送电。

35kV TC 变电站通过 35kV 分别接入 LY 变电站、NJ 变电站，110kV NJ 变电站、LY 变电站均接入 220kV JL 变电站。使用“运行水平”模块穿透功能，分别分析 220kV JL 变电站、110kV NJ 变电站、110kV LY 变电站和 35kV TC 变电站 2020 年运行情况。

220kV JL 变电站现有 2 台主变压器，容量 2×160MVA，JL 变电站负荷情况（见图 3），JL 变电站 2020 年最大负荷约 188MW，最小负荷约 27MW。按照 JL 变电站小负荷时 TC 风电场大出力 22MW，JL 变电站可以满足 TC 风电场不向 220kV 电压等级电网反送电的要求。

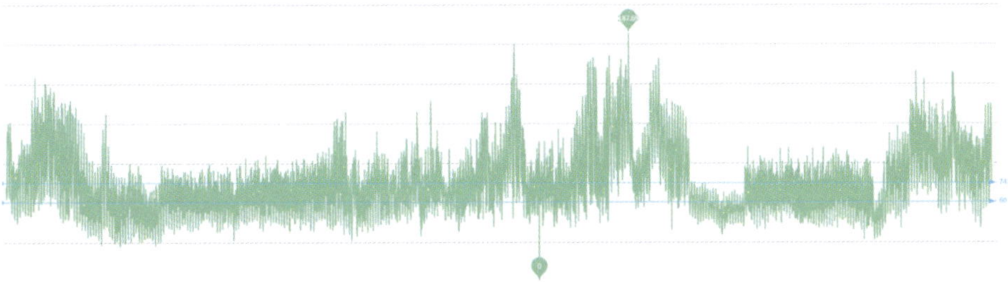

图 3　220kV JL 变电站负荷情况示意图

110kV NJ 变电站现有 2 台主变压器，容量 50+63MVA，NJ 变电站负荷情况（见图 4），NJ 变电站 2020 年最大负荷约 63MW，最小负荷约 9MW。NJ 变电站现无电源接入，可以满足 TC 风电场 35kV 电压等级接入需求。

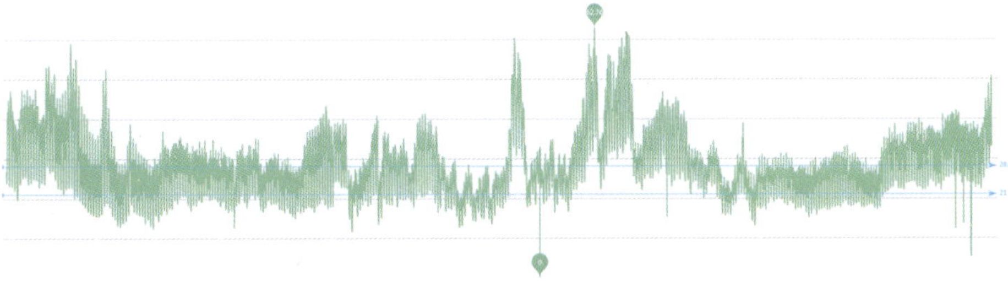

图 4　110kV NJ 变电站负荷情况示意图

110kV LY 变电站现有 2 台主变压器，容量 50+63MVA，LY 变电站负荷情况（见图 5），LY 变电站 2020 年最大负荷约 70MW，最小负荷约 13MW。LY 变电站现已接入电厂 1 座，即 35kV TG 电厂 15MW，可以满足 TC 风电场 35kV 电压等级接入需求。

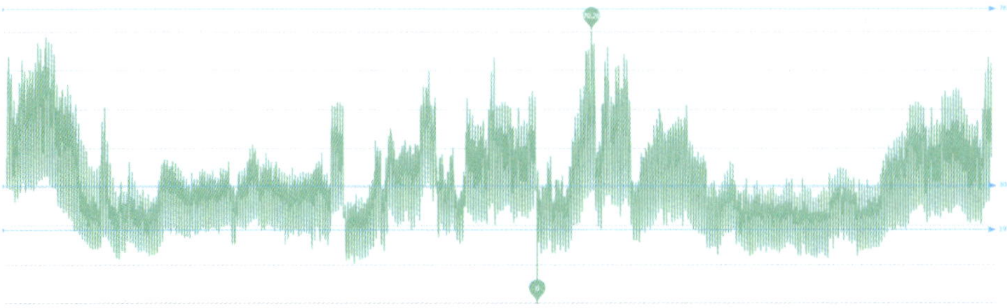

图 5　110kV LY 变电站负荷情况示意图

35kV TC 变电站通过 35kV LT 线和 NT 线分别接入 LY 变电站、NJ 变电站，通过前文分析可知 LY 变电站、NJ 变电站可以满足 TC 风电场通过 35kV 电压等级接入 TC 变电站的需求。

6. 风电场接入周边电力设施可行性分析

使用系统“运行水平”模块穿透功能，查询 35kV LT 线、NT 线的“档案参数”（见图 6、图 7）。

图 6　35kV LT 线档案参数示意图

可以得到，35kV LT 线和 NT 线的线路型号均为 LGJ－120＋LG－J95，输送限额为 16MW。均小于 TC 风电场最大出力 22MW，不能满足风电场送出需求。根据现场勘察情况，35kV LT 线和 NT 线改造难度较大，成本较高。所以，该风电场无法通过 T 接 35kV LT 线或 NT 线方式接入 35kV 电网。

使用系统“网架功能”模块的“间隔主题”，查询 110kV NJ 变电站、LY 变电站和 35kV TC 变电站出线间隔情况（见图 8）。

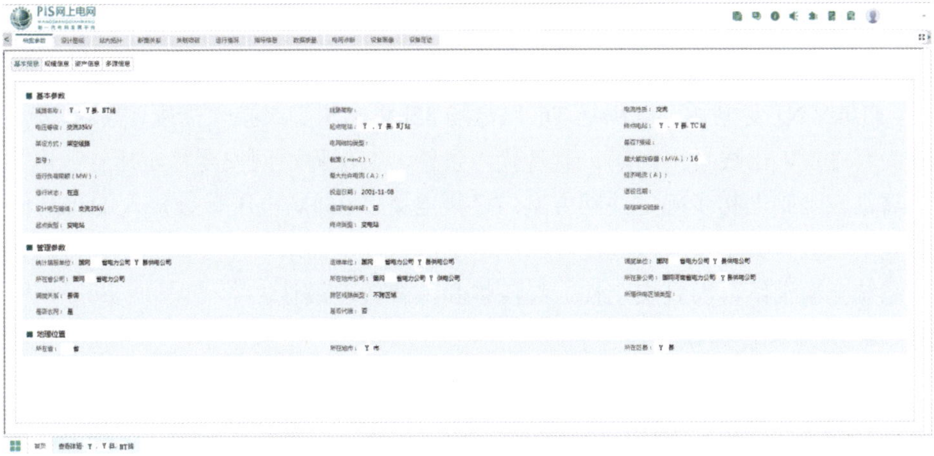

图 7 35kV NT 线档案参数示意图

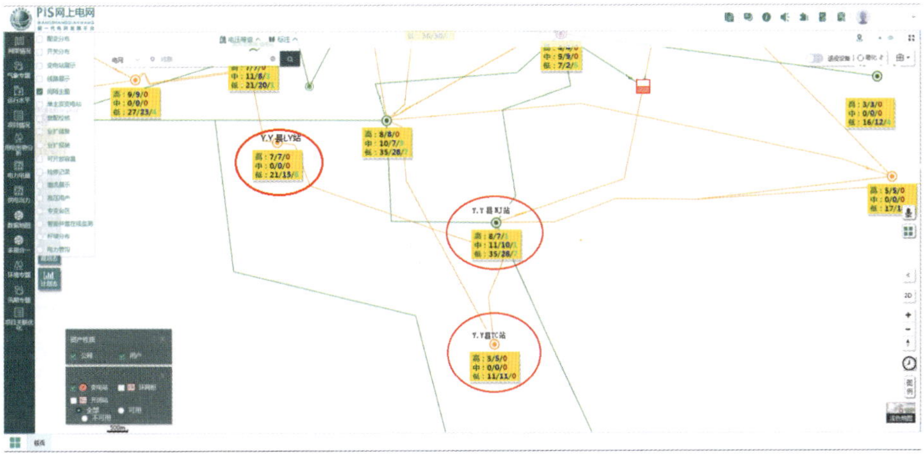

图 8 风电场周边变电站出线间隔示意图

从图 8 可以看出：

（1）110kV NJ 变电站：110kV 出线间隔有 1 个备用间隔、35kV 出线间隔有 1 个备用间隔、10kV 出线间隔有 7 个备用间隔；

（2）110kV LY 变电站：110kV 出线间隔无备用间隔、35kV 出线间隔无备用间隔、10kV 出线间隔有 6 个备用间隔；

（3）35kV TC 变电站：35kV 出线间隔无备用间隔、10kV 出线间隔无备用间隔。

根据现场勘察情况，LY 变电站、TC 变电站 35kV 出线间隔已无扩建空间。

综上分析，TC 风电场可通过 35kV 电压等级接入 NJ 变电站。

7. 研究提出 TC 风电场接入方案

综合上述分析，TC 风电场宜通过 35kV 电压等级接入电网，周边电力设施中，110kV NJ 变电站可以满足 TC 风电场 35kV 电压等级接入需求，且 NJ 变电站尚有 35kV 出线备用间隔，具备接入条件。在保障电网安全稳定运行、电力可靠供应基础上初步确定并网方案：TC 风电场以 35kV 电压等级接入 110kV NJ 变电站。该方案不仅可以满足 TC 风电场满额发电需求、所发电力可在地区供电系统全额消纳，而且安全性、经济性和综合效益最佳。

8. 开展初步前期工作

组织专家实地勘察项目周边情况，结合“十四五”电网规划，综合考虑接入方案的可行性和经济性，利用系统“卫星地图”功能，初步确定送出线路两个路径方案（见图 9）。

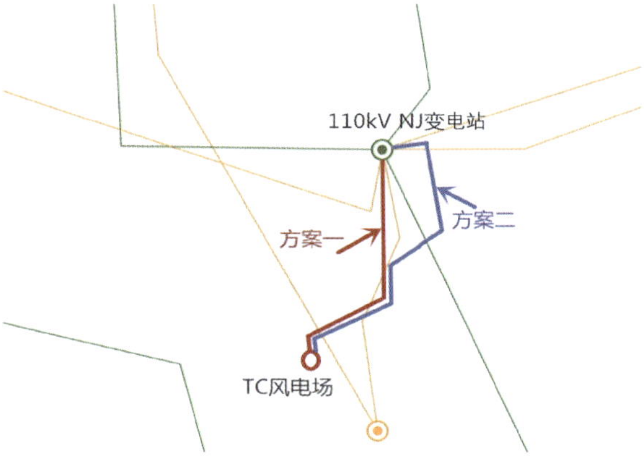

图 9　送出线路两个路径方案示意图

方案一：线路全长 5.45km，其中，架空 5.35km，电缆路径 0.1km。曲折系数：1.15。具体路径为：新建线路从风电升压站 35kV 出线间隔向北出线，采用单回架空架设，至 F 村南侧右转跨越国道 107，至 110kV LN 线东侧左转，沿 110kV LN 线向北架设，跨越 35kV NTE、35kV NT 线后右转，采用耐—耐方式钻越 110kV LN 线至水厂西侧左转，跨越南环路后，至 110kV NJ 变电站南侧，采用电缆进入 NJ 变电站北数第 4 出线间隔。

方案二：线路全长 5.45km，其中，架空 5km，电缆路径 0.45km。曲折系数 1.15。具体路径为：跨越之前路径同方案一，跨越 35kV NTE、35kV NT 线后，至南环路北侧新立电缆终端塔，架空转电缆，至 110kV NJ 变电站南侧，进入 NJ 变电站北数第 4 出线间隔。

三、成效总结

本案例依托“网上电网”平台，形成三个方面的应用成效。一是平台应用水平得到显著提升。高效、便捷进行了区域电力设施统计、运行负荷曲线分析、变电站间隔资源管理、线路输送最大功率比较等工作，以“电网一张图”“图数一体”模式全景、在线展示和实现了相关数据统计分析支撑。二是案例应用成果得到充分发挥。举例并系统论证提出了 TC 风电场接入系统方案，以线上数字化工作方式和流程化分析模式，有力辅助了风电场新能源并网研究，对于推动能源清洁低碳转型和促进“碳达峰、碳中和”目标实现具有典型示范意义。三是案例应用成效得到充分推广。本案例依托“网上电网”平台的应用模式和分析方法，对于研究制定风电、太阳能等新能源接入系统方案，以及提供可研评审技术支撑，高效保障新能源并网等工作具有广泛参考价值。

主要完成人：梁书豪　孙思培　史二飞

案例 5

“网上电网”助力河南氢能源基地建设

一、背景介绍

近年来，河南省连续出台《河南省氢燃料电池汽车产业发展行动方案》（豫工信联装〔2020〕27 号）、《推动河南省示范城市群氢燃料电池汽车产业高质量发展若干政策》（豫能源汽车联席办〔2020〕12 号）等支持性文件，积极推动省内多城市协同发展，共同推动氢能源全产业链建设。

W 市 HL 高新技术集聚区（简称 HL 集聚区）位于 W 市城区西部，区内有河南 JG、ZYTG、FSKKJ、QSY、JMNY 等多家大型工业企业，在能源产业上具有较强的技术优势。区内企业通过副产品提纯氢气，具有年产 3.85 亿 m^3、纯度达 99.999%的氢气生产能力，目前，已占有 C 市加氢站约 73%的市场份额。后续还将持续投资 16.5 亿元，持续扩大氢气产能，预计到 2023 年底，将达到年产 9 亿 m^3 的氢气生产能力。同时，区内大力发展氢能源上下游产业，陆续将投运高密度氢气存储、氢能重卡和燃料电池等项目。在这样的发展形势下，随着集聚区氢能源基地建设的加快推进，预计至 2023 年底，区内将新增 110kV 用户变电站 2 座，新增负荷 16.5 万 kW，需统筹考虑周边电网现状和规划，以优质高效满足未来大用户的接入和用电需求增长，助力河南氢能源基地建设。

二、应用详情

（一）“网上电网”快速预览区域电网概况

通过“网上电网”可以快速预览 HL 集聚区内电网情况，从公用电网现状来看（见图 1），集聚区共有公用变电站 3 座，容量 58 万 kVA，输电线路 15 条，总长度 180km。区内主要为大用户，配变较少用。从用户电网现状来看用户变电站 3 座，容量 19.1 万 kVA，输电线路 8 条，长度 41.9km（见图 2）。

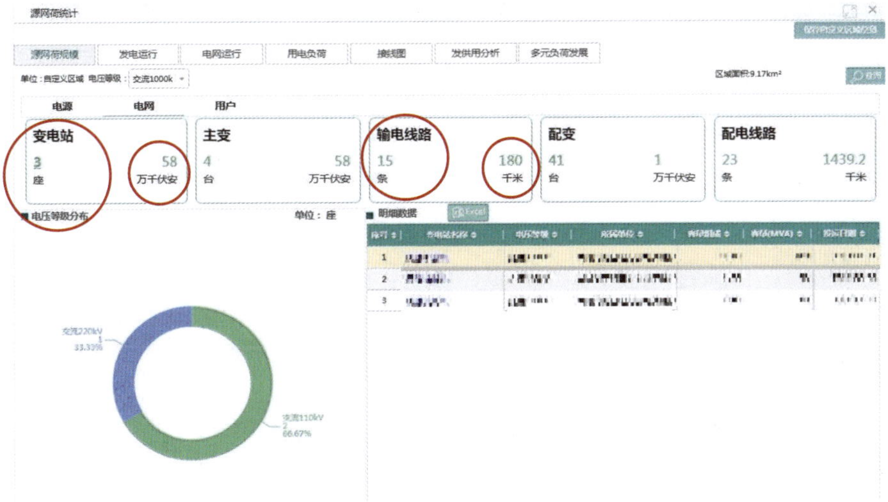

图 1 公用电网资源情况示意图

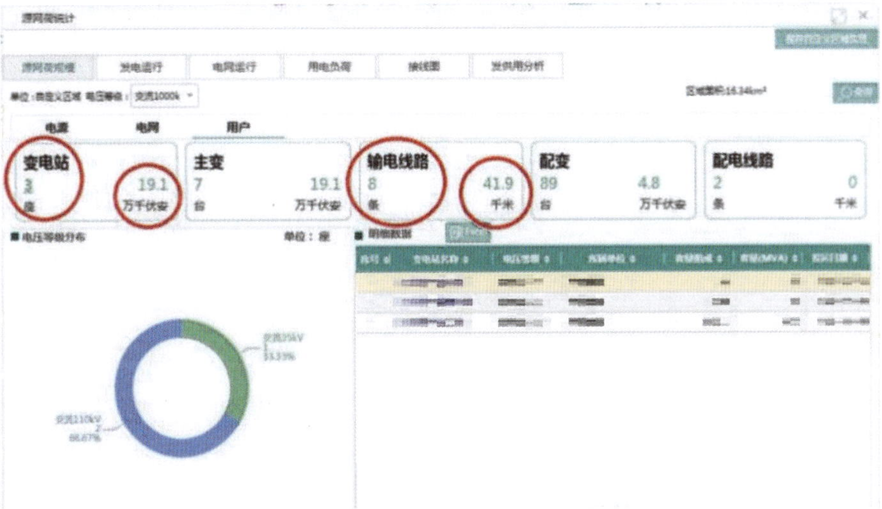

图 2 集聚区用户电网资源情况示意图

从控规用地来看，集聚区内工业用地占比较大，建成区（红色区域）约占总面积的 66%，未来工业用地（蓝色区域）可扩建面积 1.1 万亩（见图 3），发展潜力大。

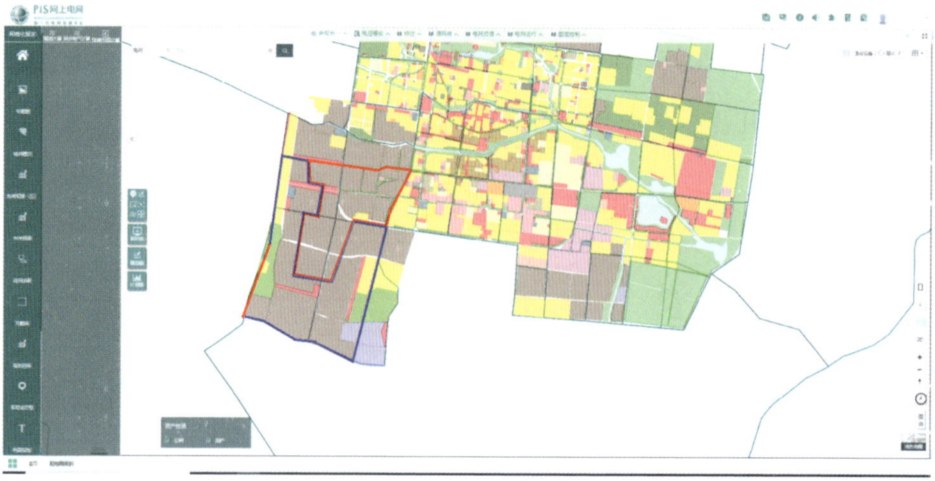

图 3　集聚区控规用地示意图

（二）“网上电网”辅助用户接入方案选择

1. 通过“网上电网”对用户负荷进行预测

采用“负荷预测”的“近中期负荷预测”功能，结合用户报装情况，采用“自然增长率 + 大用户法”对 HL 集聚区进行负荷预测（见图 4），可以看到预计到 2024 年，HL 集聚区负荷将达到 339.66MW，用户将新增两座 110kV 变电站。

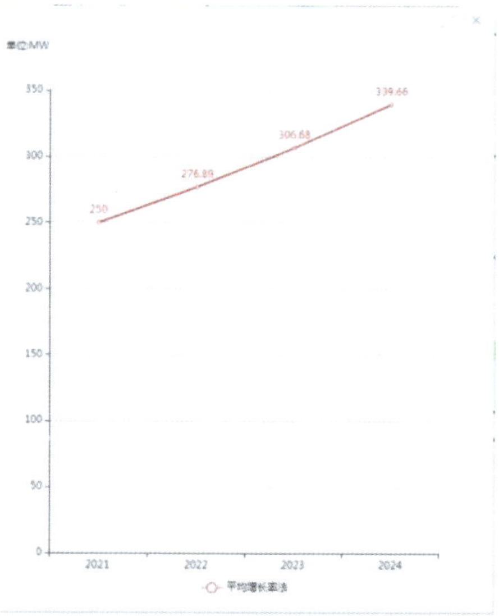

图 4　HL 集聚区负荷预测示意图

2. 通过“网上电网”定位用户接入方式

HL 集聚区氢能源企业主要位于 ND 村以东区域，从“网上电网”卫星图可以看出，区内主要工业企业已覆盖西部到中部区域，根据集聚区规划，未来用户将围绕现有厂区进行建设，氢能源基地将位于当前厂区南部和西部，厂区内已有一座 110kV JM 变电站，通过两回 110kV 线路接入 ZD 变电站。

通过“网上电网”测量距离（见图 5），该区域距离 220kV ZD 变电站仅 1.1km 左右，初步判断，可以通过 ZD 变电站接入系统。

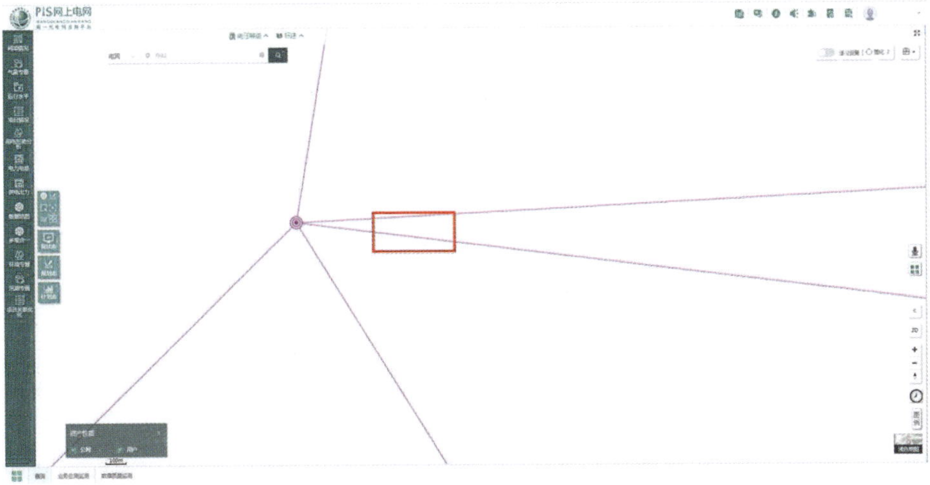

图 5 测量 220kV ZD 变电站与用户规划站址位置示意图

3. 方案审查

查询 ZD 变电站近一年“运行情况”（见图 6），可以看到 ZD 变电站额定容量 480MVA，最大负荷 301.13MVA，最大负载率 62.74%，平均负荷 174.58MVA，平均负载率 36.37%，从负荷上看可以满足用户的接入需求。

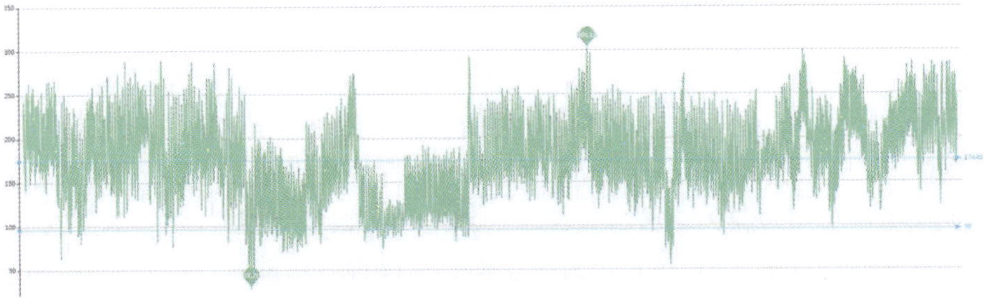

图 6 ZD 变电站近一年负荷曲线示意图

进一步查询其“站内拓扑”（见图 7），交流 110kV 电压等级备用间隔 4 个，从间隔资源上看可以满足用户的接入需求。

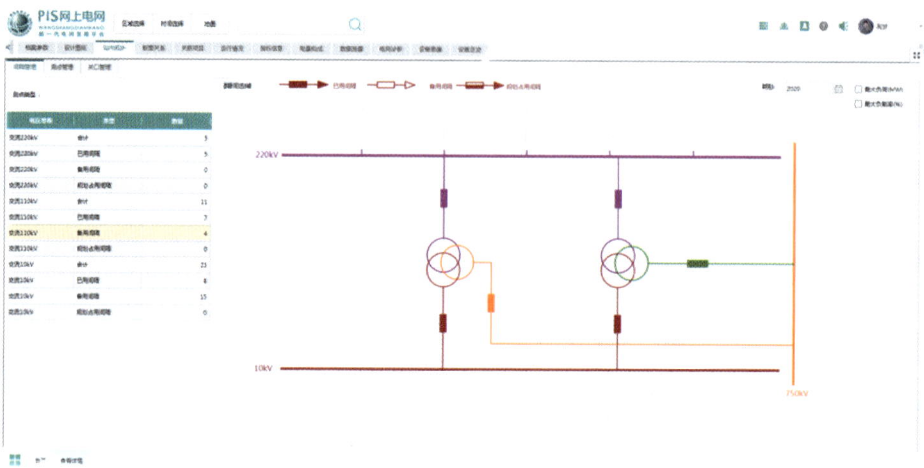

图 7　ZD 变电站站内拓扑示意图

4. 方案确定

完成“网上电网”图上初步审查后，现有电网条件可以满足用户的接入需求，需根据用户变电站建设情况，适时扩建 110kV 间隔，通过“网上电网”系统，可以将相关间隔扩建工程纳入“十四五”配电网规划，根据用户变电站建设情况，适时滚动纳入投资计划。

通过使用“网上电网”系统，可以将数据和图形量化用户接入系统，优化了大用户接入系统方案的审查环节，缩减了方案审查时间，提高了电网与用户的对接效率。

三、成效总结

本案例依托“网上电网”平台，凭借“源网荷统计”功能，快速了解区域电网情况，精准把控行业发展区域和集聚区扩建方向。通过“负荷预测”功能，极大地提高了用户接入系统方案确定的精准性。依托“卫星图”“测距功能”和“设备曲线分析”，对用户接入线路和集聚区现有电网进行初步分析诊断，对用户接入方式进行研判，极大地提升了用户接入系统的工作效率和工作精细化程度。“网上电网”平台的使用，优化了发展专业的作业方式，改变了以往经验式的管理手段，形成了“图上作业”和“大数据分析”的工作形式，有效支撑了区内氢能源基地的建设和企业的发展。预计到 2023 年，区内企业生产的氢气将每年减少二氧化碳排放 100 万 t，有力地促进了国家“碳达峰、碳中和”目标的实现。下一步，W 供电公司将继续按照“以用促建”的工作模式，持续开展“网上电网”系统应用，为政府和企业提供更加优质高效的供电服务。

主要完成人：王 坤 王 静 牛成玉 高 梦

第二章

支撑电网科学规划

◎ **案例 1** Z 供电公司《“网上电网”精准助力电网需求侧管理》

◎ **案例 2** P 供电公司《“网上电网”赋能 P 市配电网“网格化”规划》

◎ **案例 3** C 供电公司《依托“网上电网”可视化辅助项目规划》

◎ **案例 4** Z 供电公司《“网上电网”服务政府规划 助力黄河流域高质量发展》

案例 1 针对电煤持续紧张、负荷快速增长、防汛和疫情等复杂艰巨的形势，Z 供电公司创新应用“网上电网”平台，通过“源网荷统计”“电网一张图”“同期售电量监测”“线路负荷曲线监测”等功能，“一户一策”制定个性化需求侧管理方案，避免电网供电风险，为电网安全运行保驾护航。

案例 2 针对 110kV HC 变电站重载问题，使用“网格化—网架情况”功能论述了 110kV HC 变电站的运行情况，应用“运行水平和功率叠加”功能，剖析了 110kV HC 变电站运行、中压线路运行、中压线路网架、中压线路负荷转接等情况，从多个维度开展了配电网问题诊断。综合提出从三个方向解决 110kV HC 变电站重载问题的负荷转切方案，通过存量站解决重载变电站问题，优化中压网架结构。本案例为城市配电网提质增效、“十四五”配电网升级改造开创一种新思路。

案例 3 针对 F 地方电厂关停后 DD 电网需接入 F 供电公司电网的情况，利用“网上电网”“源网荷统计分析”功能，从容载比与电力平衡角度完成 DD 电网接入系统的可行性分析，通过“网上电网”的多维数据集成功能，从负载率与负载裕度的角度确定系统接入点，通过“卫星图图层”与“规划项目可视化”功能，辅助 DD 电网接入系统的选线方案规划设计。本案例推进了C市能源清洁低碳转型，为煤电机组关停、电力市场拓展、“碳达峰、碳中和”的目标实现提供了有益借鉴和C市方案。

案例4 为了更好支撑政府规划，助力相关部门做好黄河流域高质量发展，Z供电公司依托“网上电网”系统“同期售电量统计”功能对比近年电量，分析Z市产业转型趋势；利用“负荷曲线监测”和“电网一张图”功能，综合分析Z市热点区域供电情况及发展裕度，响应政府需求，分析变电站间隔资源，电源点分布，对提出的“经开东新建方案”和“FY变电站扩建方案”进行优化比选，为政府引进的大数据产业园制定接入方案，为Z市城市高质量发展保驾护航。

案例 1

"网上电网"精准助力电网需求侧管理

一、背景介绍

2021 年 Z 市电网迎峰度夏，面临着 20 年来形势最复杂、矛盾最突出、任务最艰巨的考验。电煤持续紧张、负荷快速增长、防汛关键阶段、新冠肺炎疫情"四期叠加"，7 月 11 日 19 时 26 分，因晋东南地区暴雨致使作为河南省主要运煤通道的 HY 线、TJ 线铁路运输中断，造成 YXB 地区主要燃煤电厂电煤供应紧张，对整体供电能力都产生了影响。Z 市供电区内同样面临着较大的电网供电风险，为了保障供电安全稳定，Z 供电公司利用"网上电网"系统精准助力需求侧管理，利用"源网荷统计"功能，分析对比两年同期上网电量情况，评判 Z 市火电厂受影响程度，通过"电网一张图"功能，查看用户分布，合理制定工作计划，并使用"同期售电量监测""线路负荷曲线监测"追踪方案成效，严格落实需求侧管理方案，为电网安全运行保驾护航。

二、应用详情

1. 用"源网荷统计"功能，分析对比两年同期火电厂发电情况，分析受影响程度

长期以来，Z 市各地的电厂均以火电厂为主，通过"网上电网"的"区域概况统计"功能。2021 年 7 月，Z 市整体电厂装机容量为 1300 万 kW，而其中火电装机容量达到 900 万 kW，占 Z 市全部电厂装机容量的近 70%（见图 1）。

图 1　2021 年 7 月 Z 市电厂装机容量示意图

本次因洪涝灾害导致的电煤紧张同样对 Z 市各火电厂造成了很大冲击。也进一步影响了 Z 市整体的电力供应。通过“源网荷统计”功能，可以看到 2021 年 7 月，Z 市供电区域内火电厂上网电量共 250 000 万 kW · h（见图 2）。

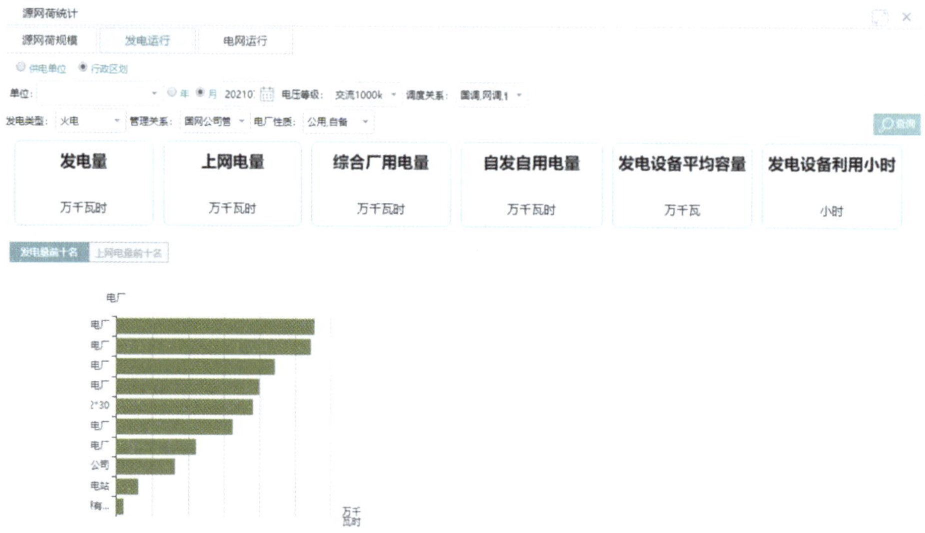

图 2　2021 年 7 月 Z 市电厂发电示意图

查看 2020 年 7 月电厂发电示意图，可以看出较去年同期，2020 年 7 月的上网电量 280 000 万 kW · h 的下降幅度达到约 15%。

为了规避电网供电风险，根据国网河南省电力公司通知，自 2021 年 7 月

12 日起，对 Z 市等地区进一步加强需求侧管理。

为了最大限度减少企业用户损失，Z 供电公司利用“网上电网”系统，参考“线路负荷监测”模块中线路负荷曲线，以及“同期售电量监测”模块中用户电量，并结合调度 D5000 系统、电采系统相关数据，第一时间对涉及安全、重要供电活动的企业制定个性化避峰方案。

2. 依托“网上电网”“电网一张图”功能，精准定位客户，既可以有效执行避峰用电，又能化解电网供电风险

Z 市电网目前分成三个 220kV 独立的供电区域，分别是南部、北部、西部。

其中，北部电网受 500kV 主变压器下灌能力和发电厂出力等因素影响，在度夏（冬）的大负荷期间经常承受较大压力。另一个主要因素是 Z 市北部地区部分用户密集，远超南部与西部，在电煤紧张导致供电压力增大的情况下，北部电网面临的风险更大。因此，Z 供电公司在制定 2021 年用户精准需求侧管理方案时，考虑优先安排 Z 市北部电网客户。

利用“网上电网”系统的“电网一张图”功能，展示 Z 市北部各地区用户分布图（见图 3）。用户分布位置及密度都有了直观的展示，依托这一功能，首先确定了北部电网相关企业用户明细。

图 3　Z 市北部一区域用户分布情况示意图

利用“网上电网”“分行业售电量监测”模块，分地区、分行业查询用户 6 月全月用电量，并计算出其 6 月日均电量，以及按日均用电量分配各个企业的具体用电压降指标，最终生成了精确到客户的需求侧管理方案明细表（见图 4）。

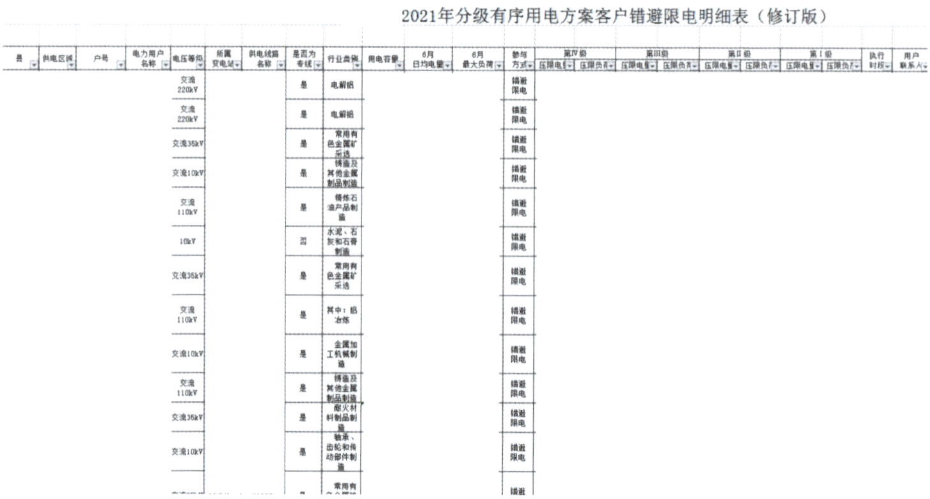

2021年分级有序用电方案客户错避限电明细表（修订版）

县	供电区域	户号	电力用户名称	电压等级	所属变电站	供电线路名称	是否为专线	行业类别	用电容量	6月日均电量	6月最大负荷	参与方式	第IV级		第III级		第II级		第I级		执行时段	用户联系人
													压限电量	压限负荷	压限电量	压限负荷	压限电量	压限负荷	压限电量	压限负荷		
				交流220kV			是	电解铝				错避限电										
				交流220kV			是	电解铝				错避限电										
				交流35kV			是	常用有色金属矿采选				错避限电										
				交流10kV			是	铸造及其他金属制品制造				错避限电										
				交流110kV			是	精炼石油产品制造				错避限电										
				10kV			否	水泥、石灰和石膏制造				错避限电										
				交流35kV			是	常用有色金属矿采选				错避限电										
				交流110kV			是	其中：铝冶炼				错避限电										
				交流10kV			是	金属加工机械制造				错避限电										
				交流110kV			是	铸造及其他金属制品制造				错避限电										
				交流35kV			是	耐火材料制品制造				错避限电										
				交流10kV			是	轴承、齿轮和传动部件制造				错避限电										
							是	常用有				错避										

图4　需求侧管理方案示意图

依托“网上电网”系统，专业人员可以“有的放矢”的精准开展需求侧管理工作，根据地区用户密度、6月日均用电情况、企业类型等合理安排用电计划。针对各企业用户的实际情况，进行灵活调整，实现了个性化方案制订，精细化任务开展。

3. 利用“网上电网”“线路负荷监控”及“同期售电量监控”模块，检验方案执行情况，助力科学有效开展需求侧管理

“天下之事，不难于立法，而难于法之必行”，方案的执行力是影响需求侧管理效果的重要体现，执行越有力，效果就越好。

为了防止需求侧管理的相关企业对方案理解产生偏差或执行不力等，避免需求侧管理方案流于一纸空文。需求侧管理方案13日开始执行后，相关管理部门对需重点关注的用户进行跟踪监测，通过“网上电网”“同期售电量监测”功能，在14日的日常监测中，发现了10kV YB线XX轻合金有限公司可能存在未执行方案的情况。

根据“同期售电量监测”模块显示（见图5），该用户13日电量达82 000kW·h。

不但接近其6月日均电量86 000kW·h，且较该用户12日电量74 000kW·h不降反升，更没有达到需求侧管理方案中为该企业设定的52 000kW·h的要求。

为了确定问题发生的原因，当即针对其所在的10kV YB线进行了负荷曲线的监测（见图6），以确定其是否执行了需求侧管理方案。

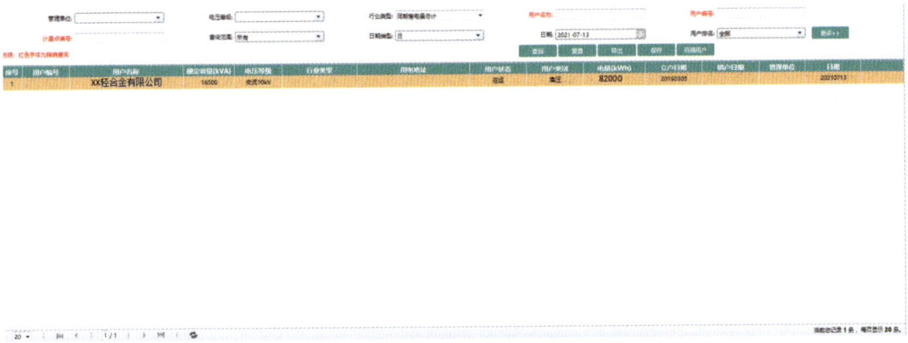

图 5　XX 轻合金材料 13 日售电量示意图

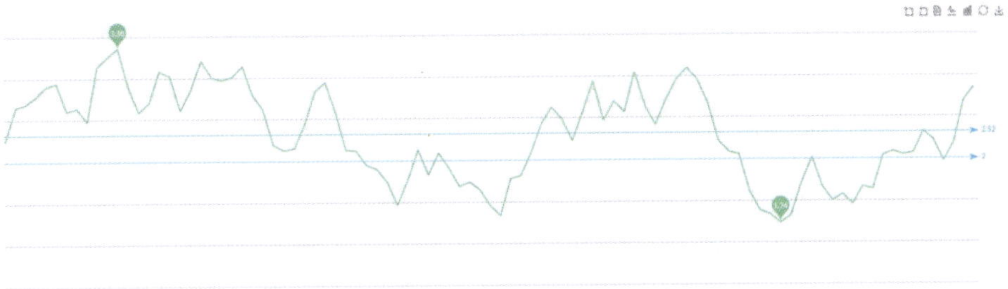

图 6　10kV YB 线 13 日负荷曲线示意图

经过线路负荷图形的取数确认，结合同期售电量监测中该用户的日电量，认定 XX 轻合金材料有限公司未执行需求侧管理方案，在负荷高峰等时段未停止生产。随后，立即电话联系该企业负责人，并通知当地电管所人员前往该企业。14 日中午 13 时左右，相关人员到达该企业，对企业负责人说明了发现的情况，并进行了政策和方案的详细讲解。在工作人员的耐心劝导下，该企业保证立即按照需求侧管理方案进行整改。

之后，继续跟踪 10kV YB 线的负荷曲线情况。该用户从 14 日落实需求侧管理方案后，线路负荷有了明显下降（见图 7）。

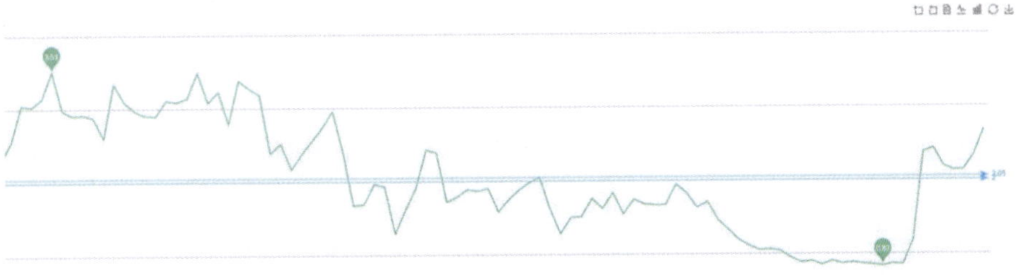

图 7　10kV YB 线 14 日负荷曲线示意图

15 日至 16 日，专业人员继续通过线路负荷监测及同期日电量监测模块，持续查看用户执行情况，发现用户电量已经下降至 53 000kW·h 左右，与方案中拟订数据基本符合。可以看出 10kV YB 线 15 日、16 日负荷曲线基本与预计情况相吻合（见图 8、图 9），表明该企业已按照需求侧管理方案认真执行。

图 8　7 月 15 日 10kV YB 线负荷曲线示意图

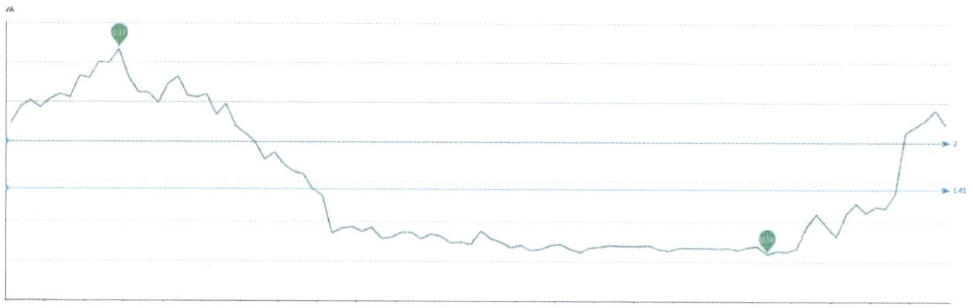

图 9　7 月 16 日 10kV YB 线负荷曲线

Z 供电公司通过“网上电网”的“同期售电量监测”及“线路负荷曲线监测”模块，有效监测企业用电情况，精准定位问题，快速应对处理，确保需求侧管理方案顺利实施，取得实效。

三、成效总结

Z 供电公司依托“网上电网”的“电网一张图”功能，全景展示用户分布情况，快速确定地区用户明细，合理开展工作规划，制定需求侧管理相关方案。利用“同期电量监测”模块查看用户电量情况，使用“线路负荷监控”功能调取线路负荷曲线，高效开展线上监控分析和线下问题处置，减少了大量的协调沟通、数据汇总时间，提高了工作效率，保障了需求侧管理方案的落地。后期，

Z 供电公司将继续深化应用“网上电网”系统功能，持续优化电网业务工作流程，利用“网上电网”系统，辅助日常工作决策，大力推动电力信息化建设及业务数字化建设。

主要完成人：周子逸　裴明军　袁莉莉

案例2

“网上电网”赋能P市配电网“网格化”规划

一、背景介绍

随着“网格化”规划理念的广泛应用，依托“网上电网”平台探索精准、高效、快捷的“网格化”规划新方式成为新需求。P市依托“网上电网”平台开展“网格化”规划方案的编制，为城市配电网提质增效、“十四五”配电网升级改造开创一种新思路。

本案例依靠“网上电网”功能模块，分析变电站运行、中压线路运行、中压线路网架、中压线路负荷转接等情况，从多个维度开展了配电网问题诊断，综合提出从三个方向解决110kV HC变电站重载问题的负荷转切方案，通过存量变电站解决重载变电站问题，优化中压网架结构。

二、应用详情

（一）变电站运行情况分析

110kV HC变电站位于P市中心区，供电范围以行政办公、商业为主，变电站长期重载，供电可靠性低，迫切需要将HC变电站负荷向外转移。

HC变电站位于两个供电网格交界处，东边为ZX城区网格，西边为JK区网格。通过“网上电网”平台可直观查看变电站空间分布，110kV HC变电站周边共有6座110kV变电站，分别为KZ变电站、CQ变电站、NH变电站、YS变电站、HM变电站、ZY变电站。

通过“运行水平–变电站负载率”功能，可快速查询7座变电站近3年运行水平情况。HC 变电站近 3 年均重载，其他 6 座变电站均为正常（见图 1）。该区域容载比水平较高，“十四五”期间，周边区域无新增变电站布点。因此，确定利用周边变电站转接 HC 变电站负荷的规划思路。通过“网上电网”获取数据并导出，绘制变电站运行情况统计表（见图 2）。

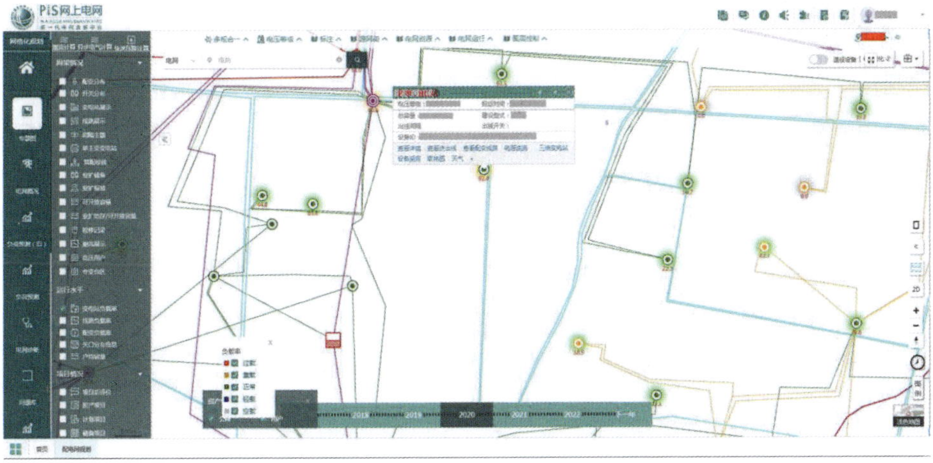

图 1　HC 变电站及周边各变电站负载率示意图

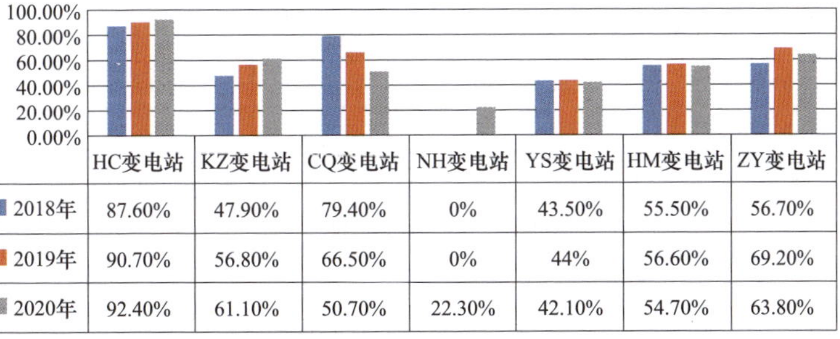

	HC变电站	KZ变电站	CQ变电站	NH变电站	YS变电站	HM变电站	ZY变电站
2018年	87.60%	47.90%	79.40%	0%	43.50%	55.50%	56.70%
2019年	90.70%	56.80%	66.50%	0%	44%	56.60%	69.20%
2020年	92.40%	61.10%	50.70%	22.30%	42.10%	54.70%	63.80%

■2018年　■2019年　■2020年

图 2　HC 变电站及周边变电站近三年最大负载率示意图

（二）中压线路问题诊断分析

依托“网格化规划—专题图—网架情况—线路展示”功能，通过线路不同颜色快速查询 HC 变电站中压线路运行信息，掌握重过载线路分布情况（见图 3）。

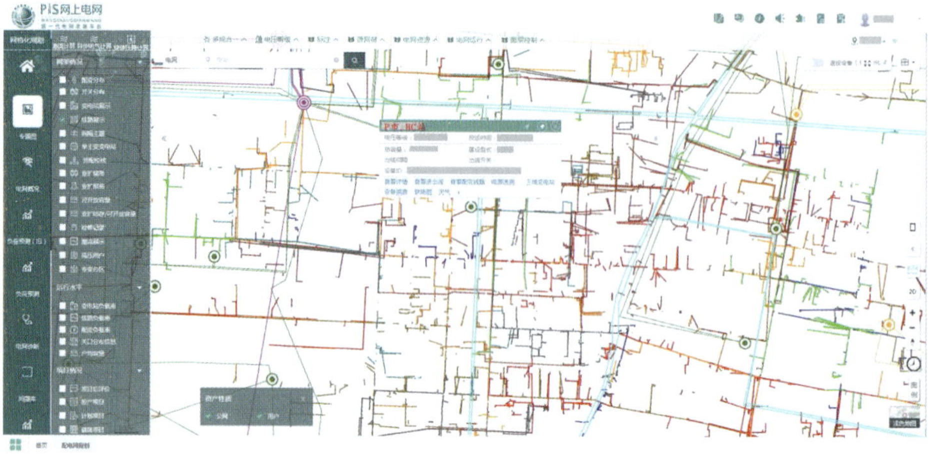

图 3　HC 变电站及周边变电站中压线路运行情况示意图

选中 HC 变电站，通过变电站“详细信息”查询变电站全部中压出线，选择重载线路，查询线路负荷、网架结构等详细信息，通过“网上电网”获取数据并导出，编制中压线路运行信息一览表（见表 1）。

表 1　HC 变电站线路运行信息一览表（参考版）

10kV 线路名称	投运年份	限额电流（A）	年度最大负荷（A）	典型日最大负荷（A）
H 号 12ⅢZY 线	2001	530.2	375.1	375.1
H 号 13ⅡKZ 线	2005	411.4	294.8	294.8
H 号 14ⅡZY 线	2007	530.2	378.4	361.9
H 号 15IVZY 线	2005	530.2	556.6	539
H 号 16ⅡHM 线	2001	411.4	303.6	303.6
H 号 19IZY 线	2007	530.2	413.6	413.6
H 号 20IKZ 线	2007	411.4	278.3	231
H 号 24VIKZ 线	2005	411.4	427.9	427.9
H 号 25VIZY 线	1997	411.4	364.1	248.6
H 号 28IHM 线	2001	411.4	422.4	422.4
H 号 31ⅡHH 线	1994	608.3	492.8	492.8
H 号 32ITLW 线	2017	411.4	77	77
H 号 34ⅡTLW 线	2017	411.4	60.5	60.5
H 号 36RJGJ 线	2017	530.2	148.5	125.4
H 号 4IHH 线	1994	608.3	521.4	521.4
H 号 5VKZ 线	1997	411.4	405.9	264
H 号 6VZY 线	1991	411.4	255.2	192.5

（三）中压线路网架情况分析

点击“网格化规划—专题图—网架情况—变电站展示”功能，该功能模式下，同一变电站的10kV馈线为同一颜色，不同变电站的10kV馈线着色不同（见图4）。通过该功能可查询HC变电站10kV线路分布信息，掌握该变电站与周边变电站中压线路联络情况（见表2）。

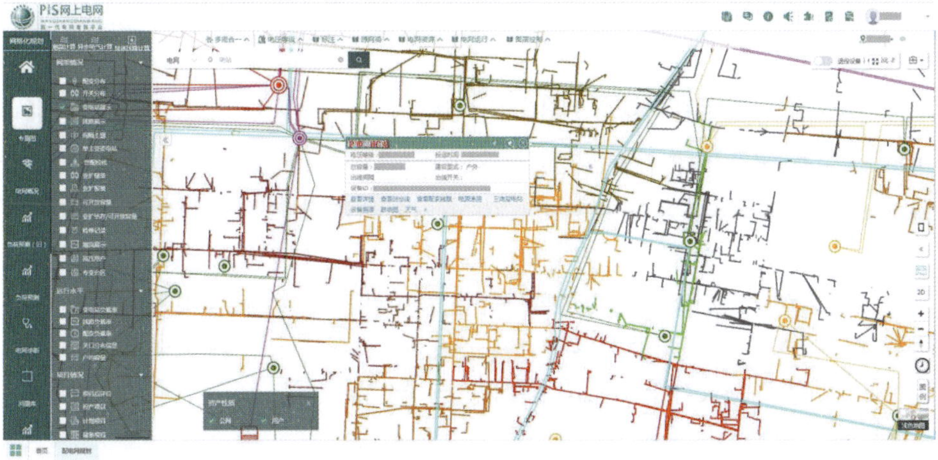

图4　HC变电站及周围变电站出线示意图

表2　HC变电站线路联络情况一览表（参考版）

10kV线路名称	联络线路名称
H号12ⅢZY线	Y号22VHH线、J号7ISL线、Y号15IJE线
H号13ⅡKZ线	H号9ⅢZQ线
H号14ⅡZY线	C号7ⅡZY线
H号15IVZY线	Y号28VIHH线、J号8ⅡSL线、Y号23ⅡJE线
H号16ⅡHM线	H号28IHM线
H号19IZY线	C号5IZY线
H号20IKZ线	H号10IVZQ线
H号24VIKZ线	Y号4ICQ线、J号7ISL线
H号25VIZY线	Z号7ⅡLCD线、Y号7IVSH线
H号28IHM线	H号16ⅡHM线
H号31ⅡHH线	Y号30ⅡYM线、Y号16ⅡHH线
H号32ITLW线	H号34ⅡTLW线

续表

10kV 线路名称	联络线路名称
H 号 34ⅡTLW 线	H 号 32ITLW 线
H 号 36RJGJ 线	Z 号 10ⅢKZ 线
H 号 4IHH 线	Y 号 19IYM 线、Y 号 24IHH 线
H 号 5VKZ 线	Y 号 5ⅡCQ 线、J 号 8ⅡSL 线
H 号 6VZY 线	Z 号 8ILCT 线、Y 号 3ⅢSH 线、H 号 3ⅡNH 线

（四）HC 变电站负荷转接方案制定

按照“网格化”规划理念，结合 HC 变电站线路联络情况一览表，逐供电网格（ZX 城区网格、JK 区网格），逐供电单元制订负荷转接方案。结合不同供电单元实际情况，通过分析得出变电站负荷转接的三种可能性：① 其他变电站新出线路转接 HC 变电站重过载线路主干线负荷；② 利用其他变电站负载较轻线路转接 HC 变电站重过载线路主干线负荷；③ 利用其他变电站线路转切 HC 变电站线路的大分支负荷。下面以三个典型供电单元负荷转接方案为例，展示“网上电网”应用案例：

1. 备选方案一：其他变电站新出线路转接 HC 变电站重过载线路主干线负荷

ZX 城区网格 002 供电单元，该供电单元是通过 110kV NH 变电站新出线路转接 HC 变电站线路负荷（见图 5）。

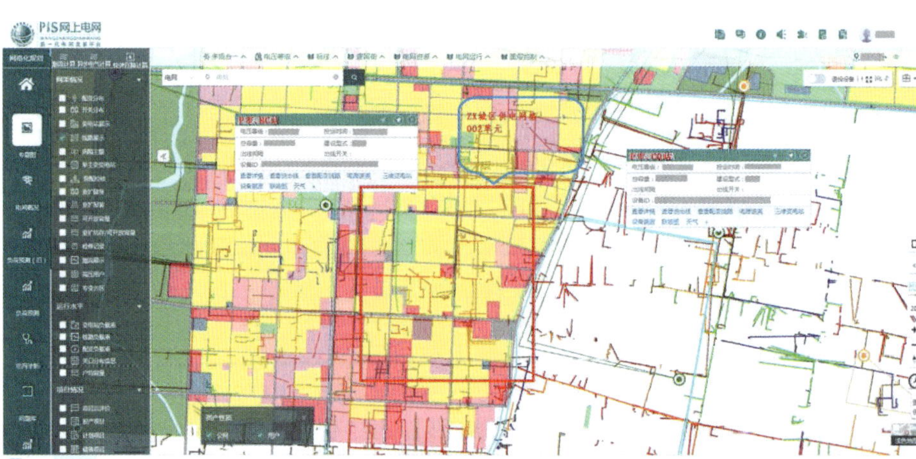

图 5　ZX 城区网格 002 供电单元及其他各供电单元示意图

通过“网架情况－间隔主题”功能，查询 HC 变电站及周边变电站间隔利用情况（见图 6）。ZX 城区网格 002 供电单元用地性质以行政办公、商业为主，周边变电站有出线间隔，通过变电站新出线方式转接 HC 变电站线路负荷，实现 HC 变电站负荷转移。线路廊道通过实际摸排落实，后续可通过“网架情况—电力管沟”功能查询确定。

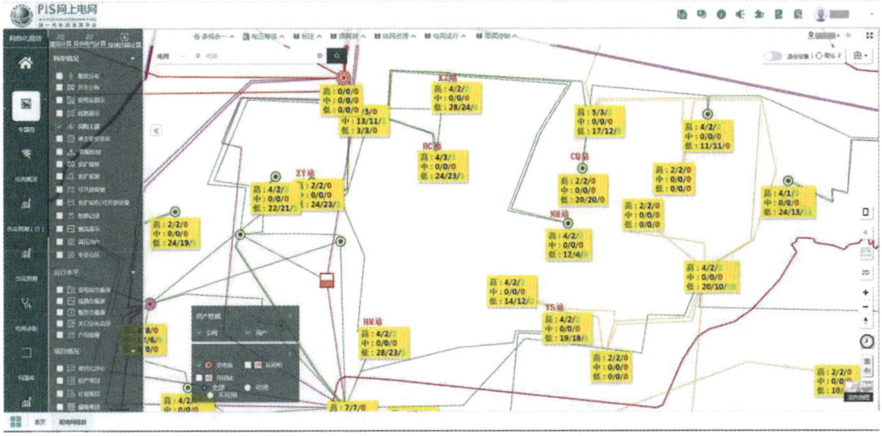

图 6　HC 变电站及周边各变电站间隔示意图

通过“网上电网”快速制订 110kV NH 变电站 10kV NI、IIHM 线等 2 条线路新建工程。该工程方案为 NH 变电站新出 2 条 10kV 线路，沿现状电缆沟敷设，同 HC 变电站 10kV H 号 16 Ⅱ HM 线、H 号 28 Ⅰ HM 线联络（见图 7），转接 HC 变电站负荷，同时优化网架结构。该方案可推广应用于变电站剩余间隔较多的区域，尤其是有新投运变电站的区域。

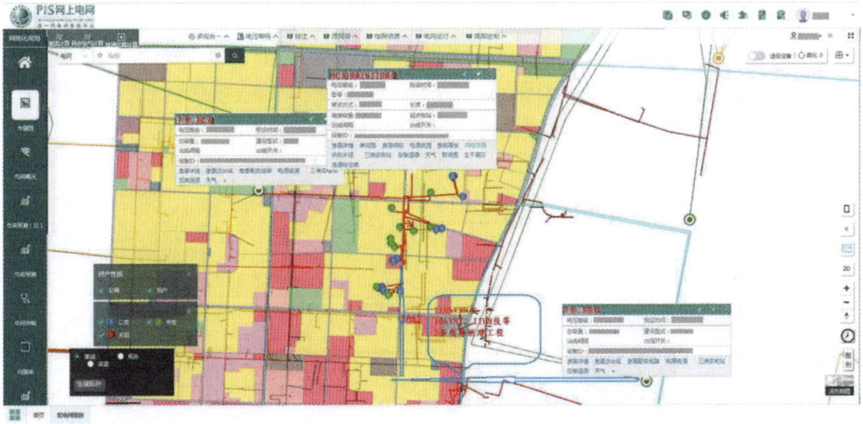

图 7　H 号 16 Ⅱ HM 线及 110kV NH 变电站新建出线示意图

2. 备选方案二：利用其他变电站负载较轻线路转接 HC 变电站重过载线路主干线负荷

JK 区网格 003 供电单元（见图 8），该供电单元是通过 110kV ZY 变电站负载较轻线路转接 HC 变电站线路负荷。通过“网架情况—间隔主题”功能，查询 HC 变电站及周边变电站间隔利用情况，JK 区网格 003 供电单元用地性质以居住、行政办公为主，周边变电站出线间隔不足。因此，确定通过周边变电站负载较轻线路转接 HC 变电站线路负荷，实现 HC 变电站负荷转移。

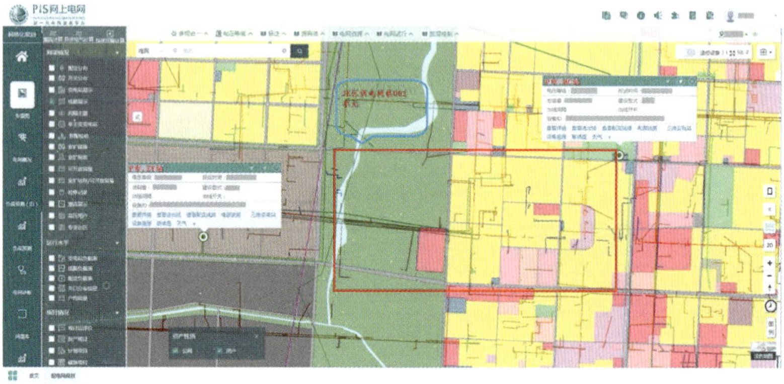

图 8　JK 区供电网格 003 单元示意图

利用“网架情况”功能，快速定位到 HC 变电站重过载线路 H 号 12Ⅲ ZY 线位置（见图 9），查看线路负荷曲线。使用“添加设备”功能，添加 110kV ZY 变电站 10kV Y 号 15 Ⅰ JE 线的负荷曲线。利用“曲线叠加”功能，判断 10kV Y 号 15 Ⅰ JE 线转接负荷能力，叠加曲线最大负载率处于合理区间，则该方案可行，实现转接 HC 变电站负荷。

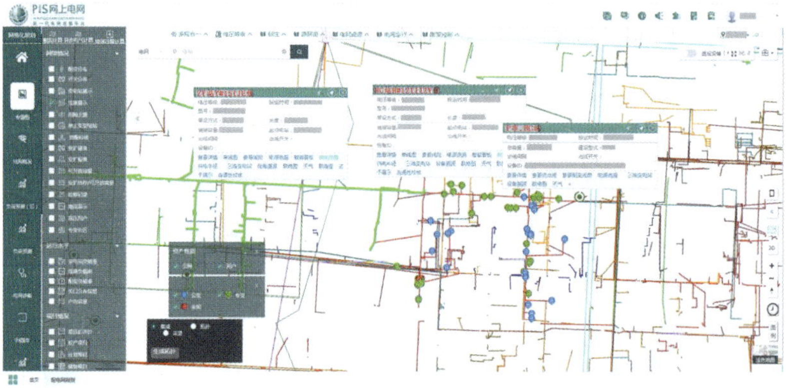

图 9　H 号 12ⅢZY 线与 Y 号 15 Ⅰ JE 线示意图

下面两条线路分别为 110kV ZY 变电站 10kV Y 号 15ⅠJE 线(绿色)、110kV HC 变电站 10kV H 号 12ⅢZY 线（蓝色）近 6 个月负荷曲线。最上面曲线是两条线路叠加后负荷曲线（红色）（见图 10），叠加后曲线总和最大负载率处于合理区间，则 110kV ZY 变电站 10kV Y 号 15ⅠJE 线能够转接 H 号 12ⅢZY 线负荷。

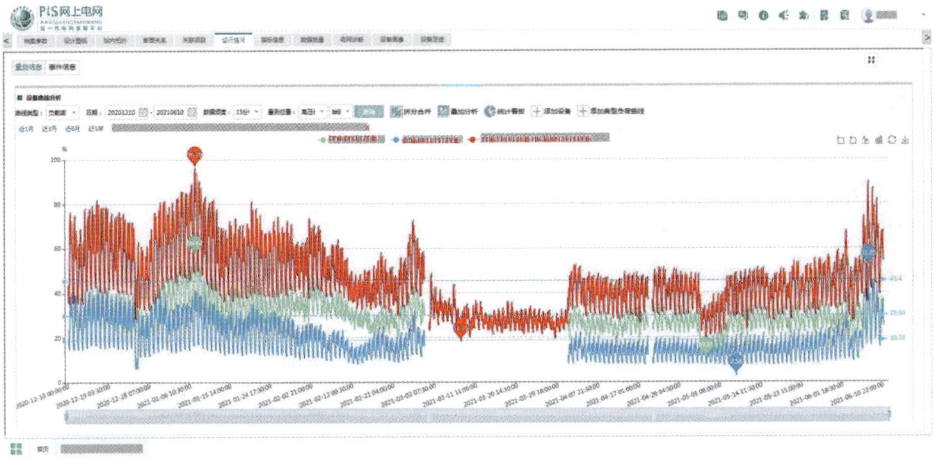

图 10　H 号 12ⅢZY 线与 Y 号 15ⅠJE 线叠加负载率示意图

通过“网上电网”快速制订 110kV ZY 变电站 10kV Y 号 15ⅠJE 线等 2 条线路延伸工程。该工程方案为利用 ZY 变电站现状线路 10kV Y 号 15ⅠJE 线、Y 号 23ⅡJE 线转接 HC 变电站 10kV H 号 12ⅢZY 线、H 号 15ⅣZY 线负荷。该方案可转接 HC 变电站 10kV Ⅲ、ⅣZY 线三分之一左右负荷，实现 HC 变电站负荷转移。此方案可推广应用于变电站剩余间隔不多，且变电站负载率不高的区域。

3. 备选方案三：利用其他变电站线路转切 HC 变电站线路的大分支负荷

ZX 城区网格 004 供电单元，该供电单元是通过 110kV CQ 变电站出线转接 HC 变电站大分支线路负荷（见图 11），实现 HC 变电站负荷转移。对分支线路的负荷，可以通过查询分支接带配变确定分支负荷（见图 12、图 13），并据此制订分支切改方案。

通过“网上电网”快速制订 110kV CQ 变电站 10kV CⅠQY 线等 2 条线路新建工程。该工程方案是 110kV CQ 变电站新出 2 条 10kV 线路，沿现有电缆沟敷设，转接 HC 变电站 10kV H 号 25VIZY 线、H 号 6VZY 线 JK 大道 ZY 路以南分支负荷。通过转接 HC 变电站线路大分支负荷，可转接 HC 变电站 V、VIZY 线三分之一左右负荷，实现 HC 变电站负荷转移。该方案可推广应用于线路负荷较重，且线路存在大分支的区域。

图 11　004 供电单元及 110kV CQ 变电站新建出线示意图

对 HC 变电站 10kV 线路逐条进行分析，通过“网上电网”可在较短时间内制订出 110kV HC 变电站负荷转切方案。

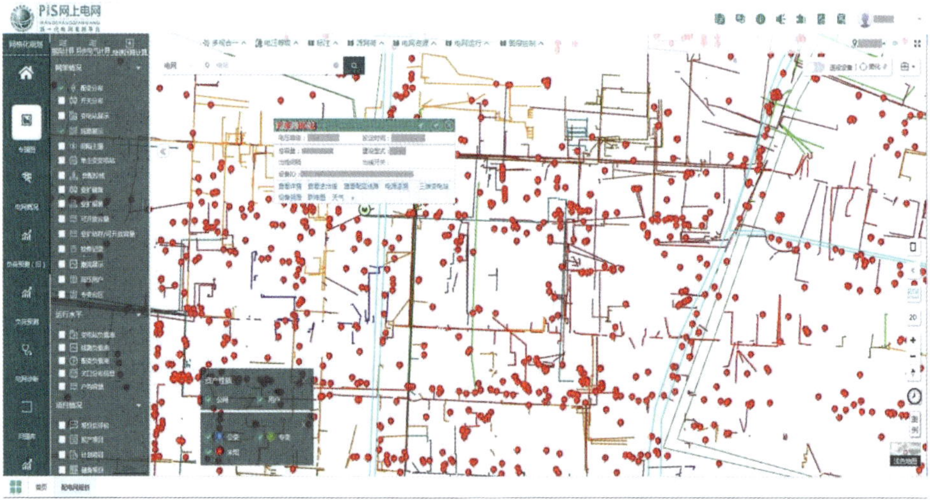

图 12　HC 变电站及周边变电站配变分布示意图

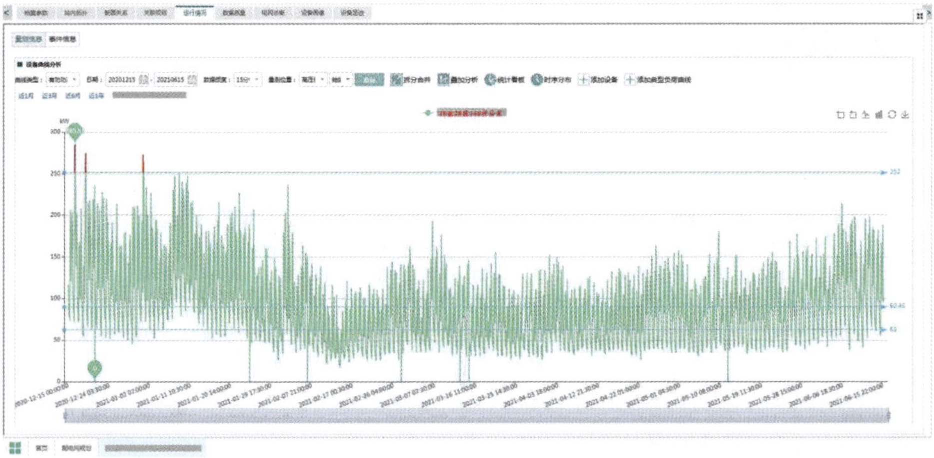

图 13 JK 线 ZH 段 13 号配电变压器负荷示意图

三、成效总结

本案例依托“网上电网”平台，在短时间内就确定了 HC 变电站负荷转接方案，减少了原来需多个部门配合、收集多个系统大量基础数据的工作流程，极大地提高了城市配电网规划工作效率。“网上电网”极大缓解了规划工作中“懂规划的不熟悉现场，熟悉现场的不懂规划”的最大痛点，是规划人员的一大法宝，科学高效提升了“网格化”规划的工作成效。

主要完成人：王艳君　裴付中　周　乐

案例 3

依托“网上电网”可视化辅助项目规划

一、背景介绍

F 区域位处 C 市西南部，长久以来，F 区域内存在一个以 F 地方电厂为电源，自发自用的 110kV 孤立电网（因其隶属于 DD 集团，简称 DD 电网）。根据 C 市政府大气污染防治、淘汰落后煤电产能等工作要求，装机容量 400MW 的 F 地方电厂于 2021 年 4 月关停，340MW 负荷的 DD 电网失去了电源支撑。C 供电公司依托“网上电网”的“源网荷统计”“多维数据贯通”“规划可视化”等功能，完成了在 F 地方电厂关停后，所属孤立 DD 电网接入系统方案的规划设计。顺利解决了电厂关停后的电源续接问题，实现了当地二氧化碳的实质性减排，推动 C 供电公司“碳达峰、碳中和”目标的落地。

二、应用详情

1. DD 电网接入系统可行性分析

F 地方电厂关停后，其所属的 110kV DD 电网需接入 F 供电公司电网，利用“源网荷统计分析”功能，从容载比与电力平衡角度完成 DD 电网接入系统的可行性分析。

通过“源网荷统计”功能，选取 F 区域。点击“电网运行”功能计算区域容载比，可以计算出 220kV 容载比 2.83，裕度较充裕，如图 1 所示。在主变压器负载分布中，2 台主变压器处于轻载，4 台主变压器处于合理区间。根据最大下网负荷 508MW，计算出当负荷为 340MW 的孤网接入后，F 区域容载比变为 1.6，届时容载比将较为紧张，但考虑到 2021 年底的规划，220kV JJ 变电站计划扩第三台 240MVA 主变压器，届时 F 区域容载比为 1.9，F 区域电网从容载比角度满足接入条件。

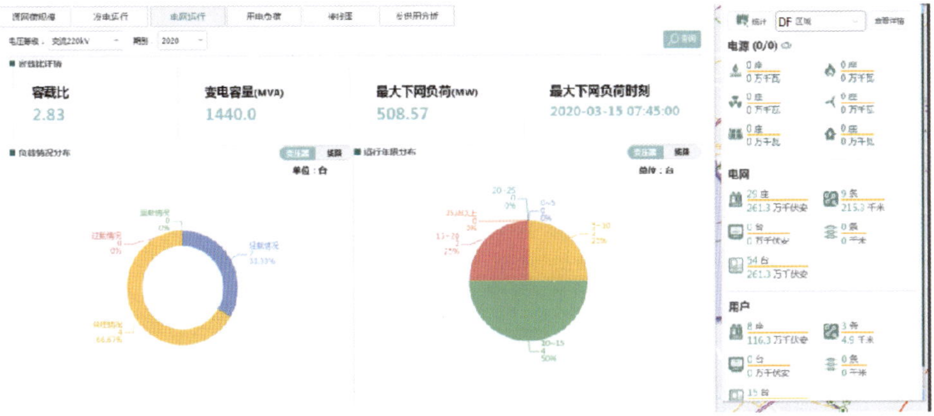

图 1 区域 220kV 容载比计算结果示意图

点击“发电运行”功能，计算区域电力平衡，通过查看 F 区域内电源情况，如图 2 所示。F 区域内存在统调 HRF 电厂一期、二期，发电容量共计 1890MVA，2020 年发电量共计 68 亿 kW·h。2021 年 F 区域最大供电负荷预测为 880MW，考虑接入 DD 电网 340MW 负荷后达到 1735MW。F 区域电网仅统调电厂即可满足接入后的整体用电需求，发电容量较为充裕，F 电网从电力平衡角度满足接入条件。

图 2 F 区域发电厂容量情况示意图

通过“源网荷统计分析”功能，形成结论：F 区域满足 DD 电网接入条件。

2. DD 电网系统接入点选择

在验证 F 区域具备接入条件后，通过“多维数据集成”功能，从负载率与负载裕度的角度确定系统接入点。

通过“电网一张图”中“变电站负载率展示”功能，比对 F 供电区内三座主要 220kV 变电站负荷情况。2020 年 220kV XH 变电站负载率达到 62%，220kV CZ 变电站负载率达到 51%，220kV JJ 变电站负载率仅有 19%，如图 3 所示。

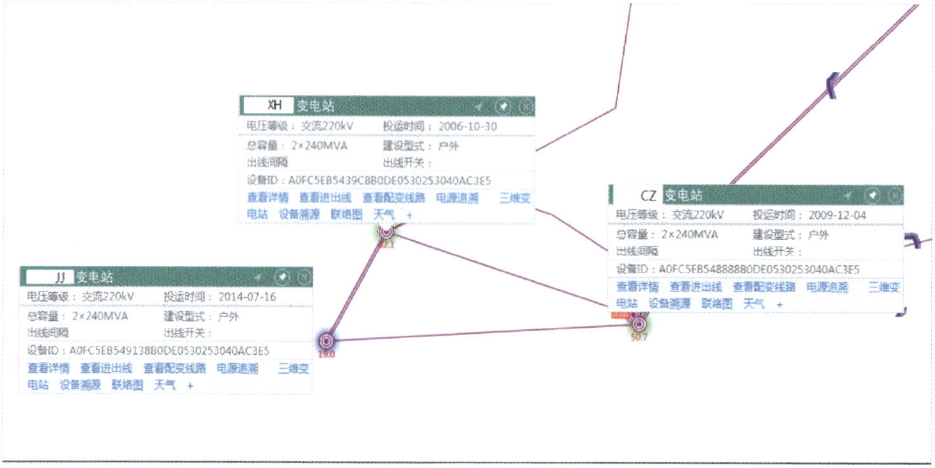

图 3　F 区域主要 220kV 变电站负载率示意图

利用“负荷叠加”功能，比对三座 220kV 变电站 2020 全年的负荷曲线，如图 4 所示。可清楚地看到，JJ 变电站（绿色）负载曲线远低于 CZ 变电站（紫色）、XH 变电站（蓝色），并且通过全年的曲线展示，排除了 CZ、XH 变电站因临时运行方式造成的负载率较高。

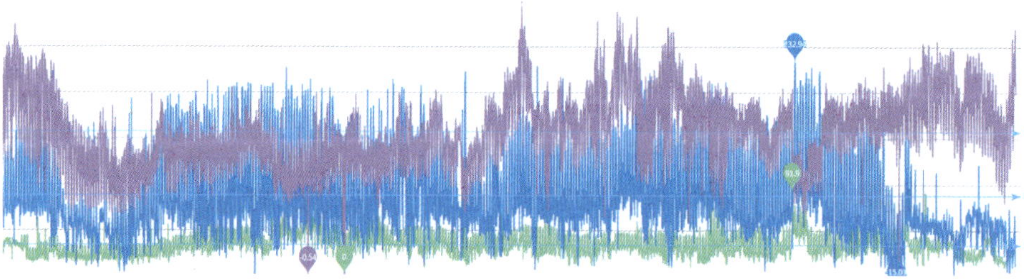

图 4　220kV XH 变电站、CZ 变电站、JJ 变电站负载率示意图

相比较之下，接入方案锁定在负荷率较低的 JJ 变电站上，通过设备档案可以看到，JJ 变电站在运主变压器两台，容量均为 240MVA，如图 5 所示。

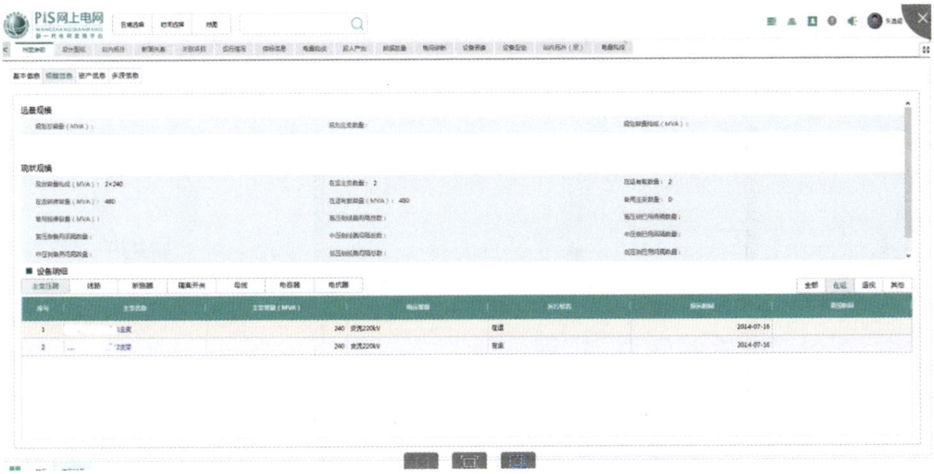

图 5　220kV JJ 变电站档案示意图

年度负载率曲线，JJ 变电站 2020 年最大负荷出现在 10 月 12 日，约为 92MW，如图 6 所示。

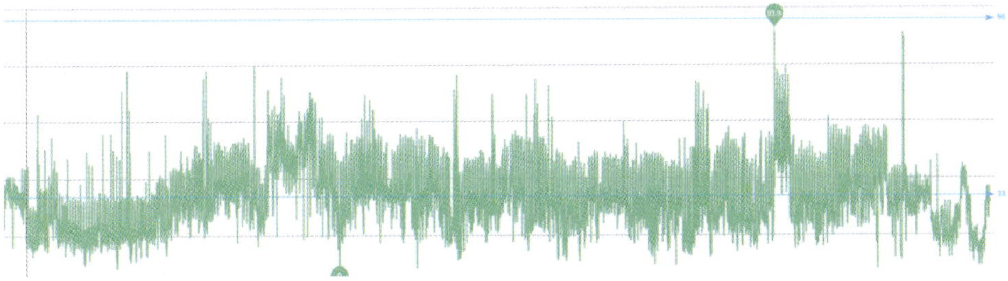

图 6　220kV JJ 变电站 2020 年负载率示意图

从“项目后评价”中的“电网评价”功能，可以查询到 JJ 变电站的运行数据，其最大负载率 19.76%，平均负载率 7.36%，最大负荷利用小时数 3147h，如图 7 所示。

按照最大负荷 92MW 计算，JJ 变电站容量裕度 390MW（第三台主变压器投运后达到 630MW），大于 DD 电网 340MW 的最大负荷，JJ 变电站满足接入容量要求。

通过“网上电网”多维度的“电网数据集成”功能，形成结论：220kV JJ 变电站负载水平较低，满足接入容量要求。

3. DD 电网系统接入方案规划

通过“网上电网”的“卫星图图层”与“规划项目可视化”功能，辅助 DD 电网接入系统的规划设计选线方案。

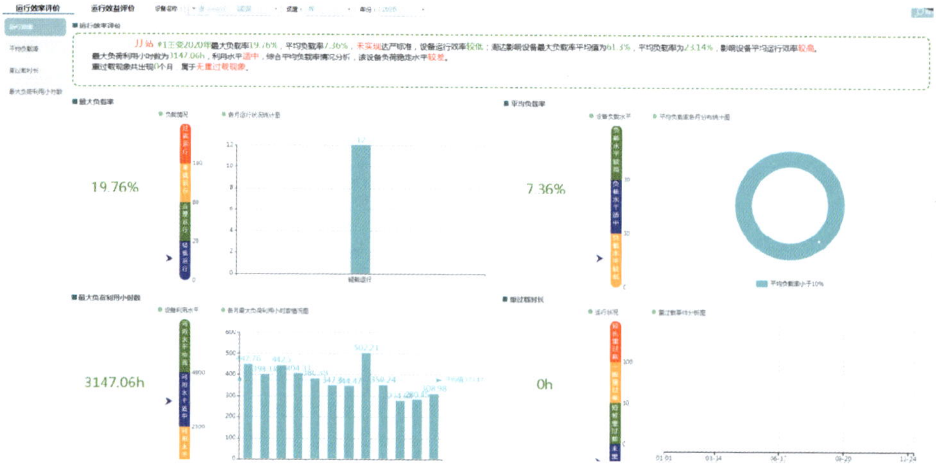

图 7　220kV JJ 变电站 2020 年设备评价示意图

C 供电公司利用“规划项目可视化”功能作为规划沙盘，在沙盘上画出了 DD 电网主要 110kV 变电站及 110kV 线路网架，如图 8 所示。将只能通过线下图纸查看的 DD 电网，灵活“移植”到“网上电网”中，从图中可以看到，左下角红色方块处为 F 电厂原升压站，DD 电网以 F 电厂作为电源，形成放射型网架。

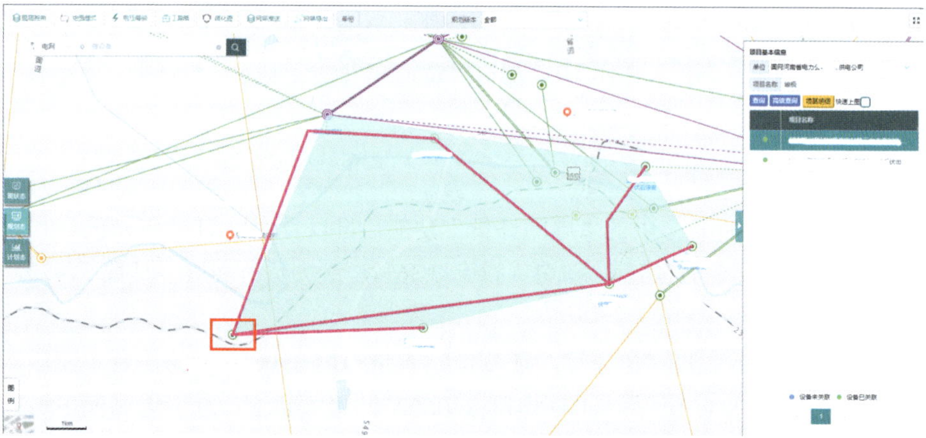

图 8　F 地方孤网 110kV 主要网架示意图

通过“规划可视化”功能，可以看到 DD 电网中 110kV 热电厂至 LZ 变电站双回线距离 220kV JJ 变电站较近，计划在图 9 中的红色圆圈范围内规划接入线路。

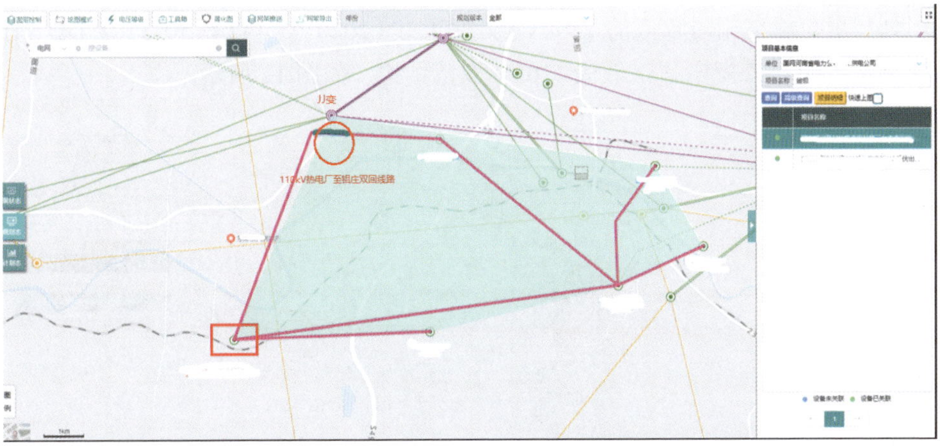

图 9 110kV 热电厂至 LZ 变电站双回线及规划接入线路范围示意图

叠加卫星地图数据，查看规划接入范围内的用地情况，如图 10 所示。可以看到 JJ 变电站至热电厂 LZ 线之间主要为空地，实施较为容易，可采取的线路走径，如图 11 所示。

图 10 110kV 热电厂至 LZ 变电站双回线与 220kV JJ 变电站周边用地情况示意图

图 11 拟采取双 π 线路走径示意图

通过线上选线设计与线下潮流计算相结合，最终确定了方案：近期规划热电厂至 LZ 变电站 110kV 双回线 π 接 JJ 变电站，初步完成 DD 电网接入；远期规划利用负载率相对较低的 220kV CZ 变电站（2020 年负载率 50%）接 DD YH 变电站、DD SZ 变电站，形成 110kV 双链结构，如图 12 所示。

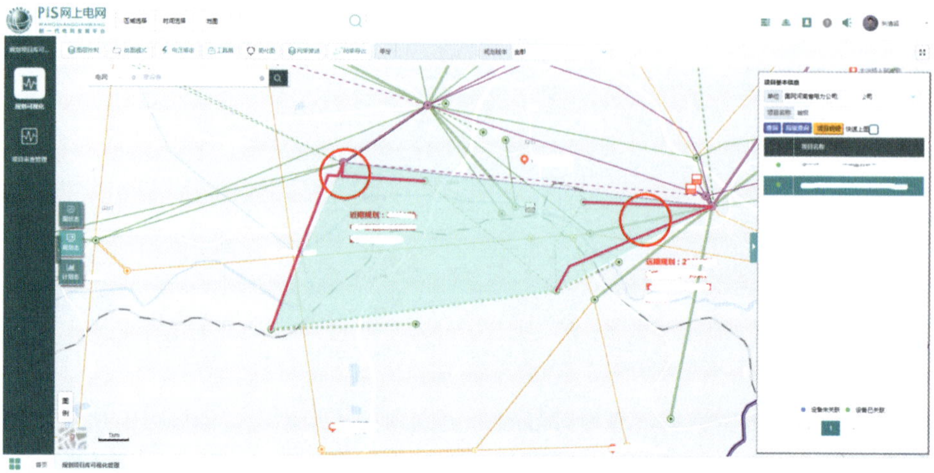

图 12　DD 电网接入系统方案近、远期规划示意图

最终实现 DD 电网接入后的 F 区域网架，形成了坚强的 110kV 双链电网结构，如图 13 所示。

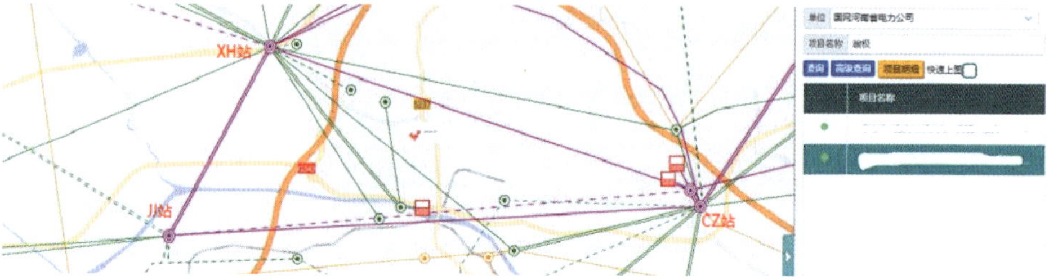

图 13　DD 电网接入后的 F 区域 110kV 网架示意图

C 供电公司为 DD 电网接入安排了配套工程“C 市 F 区域 JJ 220kV 变电站 110kV 出线间隔扩建工程”。利用滚动规划，录入“网上电网”规划项目库，如图 14 所示。

DD 电网的接入解决了两大问题：一是有效利用 JJ 变电站，在短时间内快速、有效承担接入任务，并提升变电站负载率；二是利用 DD 电网接入的近期、远期规划目标，推动了 F 区域电网网架优化。

C 供电公司巧妙利用“项目可视化”作为规划沙盘，结合卫星图，进行线上规划绘制作业，辅助完成接入方案规划。

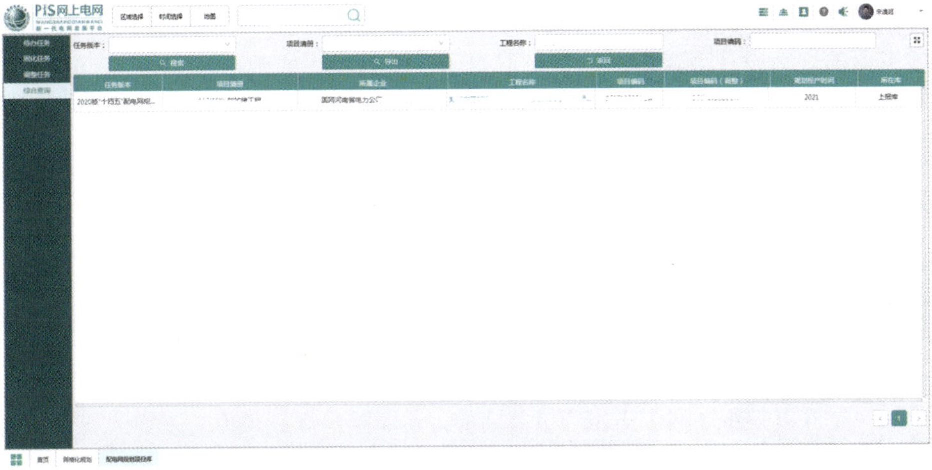

图 14 DD 电网接入配套工程示意图

4. DD 电网系统接入成效展示

4 月 30 日，DD 电网接入工程送电成功，从 JJ 变电站负载曲线可以看出，JJ 变电站最大日负荷从 40MW 增加为 220MW，并在 5 月持续增加为 295MW，如图 15 所示。

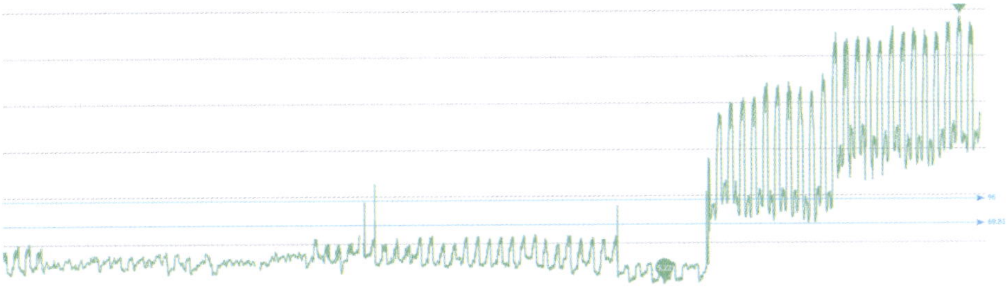

图 15 DD 电网接入后 220kV JJ 变电站的负载曲线示意图

可以看到，在 DD 电网接入后，JJ 变电站负载得到了大幅提升。至此，C 供电公司顺利完成了电厂关停后电源续接工作，F 区域电网长久以来“两张网”并列运行的问题得到了有效解决。

三、成效总结

本案例利用“网上电网”多个功能模块，从多方面论证在 F 地方电厂关停后，其所属孤立电网接入 F 区域电网的可行性。以“规划项目可视化”作为规划沙盘，配合“卫星地图”辅助规划系统接入方案，完成了电厂关停后电源续接工作的规划设计全流程。该案例取得了一系列应用成效：

一是快速解决电源续接问题，提升公司收益。DD 电网的快速接入，解决了电网关停后的急迫电源续接问题，体现了国家电网有限公司的社会责任与速度。实现了“快速、有效”地开拓了当地电力市场，年增收电量近 20 亿 kW·h。

二是提供电厂关停的有益借鉴，推进“双碳”目标落地。DD 电厂的关停，实现当地年减排二氧化碳 160 万 t，二氧化硫 1.1 万 t。推进了 C 市能源清洁低碳转型，为煤电机组关停、电力市场拓展、碳达峰、碳中和的目标实现，提供了有益借鉴和 C 市方案。

三是深度挖掘“网上电网”相关功能，大幅提升规划效率。该案例利用“网上电网”融会贯通各专业信息，实现了“图数一体”的多维信息应用，减少了主网规划中数据的计算整合，并且借助其强大的可视化功能，令规划人员摆脱了反复翻阅数据、CAD 制作图纸的繁杂束缚，实现了“图 – 数 – 表”的深度融合，大大提升了规划专业效能，为 C 供电公司高质量开展“十四五”规划，提供了一项强大工具。

四是以典型案例形成推广示范效应。C 供电公司通过此操作性强、功能应用全面的典型案例推广，在全省形成“以用促建”的良好氛围，全面发挥建设优势，加快“网上电网”在全省范围内的推广应用。

主要完成人：朱逸超　辛　军　黄　凯

案例 4

“网上电网”服务政府规划　助力黄河流域高质量发展

一、背景介绍

Z 市自古以来一直是中原地区的重要城市。Z 市作为中原地区的老牌工业城市，近年来随着政府规划和国家产业升级指导，Z 市地区逐步淘汰落后产能，积极引进高新科技产业。Z 供电公司依托“网上电网”系统开展应用，通过“同期售电量统计”功能，对比近年电量，分析 Z 市产业转型趋势；利用“负荷曲线监测”和“电网一张图”功能，综合分析 Z 市热点区域供电情况及发展裕度；响应政府需求，分析电站间隔资源及电源点分布，为政府引进的大数据产业园接入制订方案，并纳入“十四五”规划，为 Z 市城市高质量发展保驾护航。

二、应用详情

1.“数说电网”，看 Z 市产业升级转型

总体上来看，Z 市工业底蕴雄厚，大用户密集，存在 ZGSH、WJ 集团等大工业用户。长期以来，第二产业的电量占据了 Z 市整体的一大部分。

以 2020 年为例，Z 市全年同期售电量 300 亿 kW • h，其中，第二产业 210 亿 kW • h，占比达到 70%。由此可以看出，Z 市属于典型的工业城市，雄厚的工业底蕴在过去的很长一段时间内，都为 Z 市城市发展注入了强劲动力。

2020 年 8 月，国家对城市格局优化，产业升级调整等提出了新的要求，Z 市政府作为河南重要城市，响应国家号召，积极发展第三产业。2020 年 1～5

月，疫情突发期间，Z 市第三产业电量仍较去年保持增长，幅度为 2.7%。2021 年 1～5 月，在疫情平稳期间，Z 市第三产业强势抬头，第三产业用电量为 25 亿 kW·h，较去年同期增长 31%。

由“行业电量曲线趋势”也可以看出，各月较去年同期，第三产业电量都有显著提升。这昭示着第三产业的蓬勃发展，也是在政府的大力扶持下，Z 市进行产业结构升级转型的一个缩影。继工业之后，第三产业将作为 Z 市城市发展的“新引擎”（见图 1）。

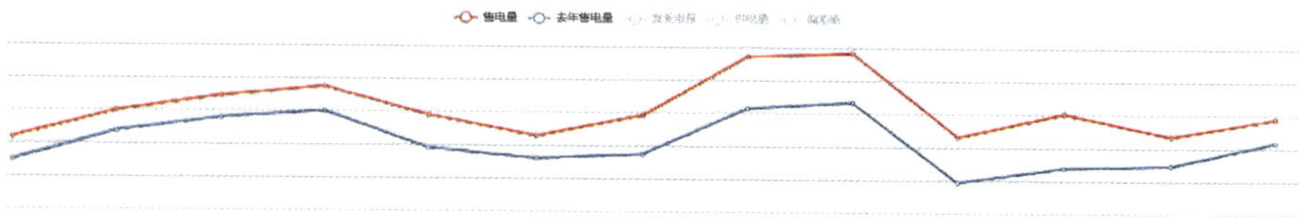

图 1　Z 市第三产业电量示意图

2.“图说电网”，提前分析为发展保驾护航

Z 市政府为了招商引资，助力第三产业发展，近年逐步规划并建成了 Z 市大数据产业园。大数据产业园位于全市政治经济中心的高新科技区，园区内目前已建成 ZY 大数据计算中心、HS 科技园、QD 科技新城等 500 余个企业，政府及企业关注度都较高（见图 2）。

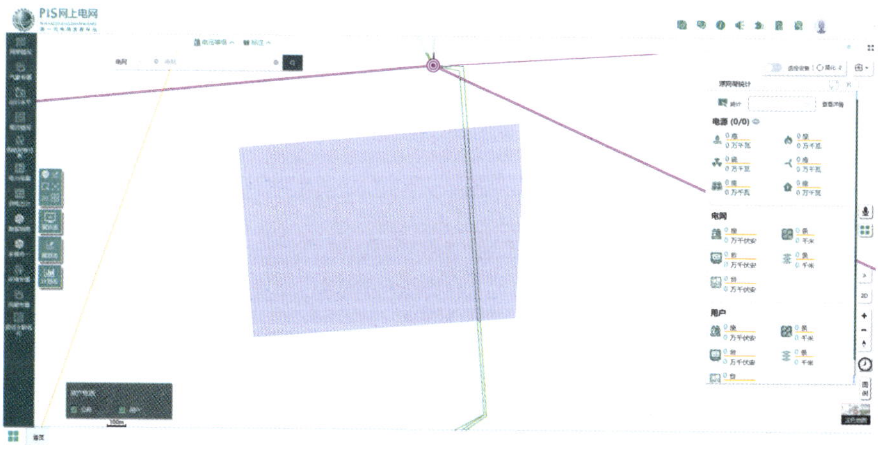

图 2　大数据产业园示意图

为了响应政府及客户的需求，并做好供电保障和远期规划，Z 供电公司针对政府及企业均重点关注的大数据产业园电网现状及未来发展情况，进行了整体分析。

首先查看“区域内负荷情况”，将近两年主供该区域的 WH 变电站 WY 线、WH 变电站 WP 线等 21 条 10kV 线路负荷电量曲线进行叠加。通过用电曲线可以看到近两年负荷稳步增长，最大负荷达到 32.99MW（见图 3）。

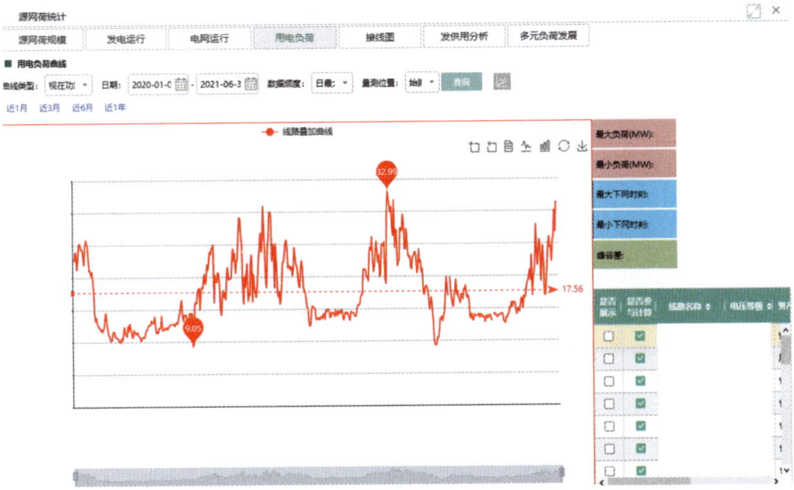

图 3　线路负荷叠加分析示意图

利用“自定义区域”功能框选大数据产业园区，实现区域范围内自动统计。通过统计可以看出，产业园区内当前无 35kV、110kV 公用变电站。园区内负荷当前依赖于域外变电站转供（见图 4）。

图 4　区域电源点分析示意图

再穿透到 10kV 配网现状图，可以看到区域内用电负荷主要供电方式为：依赖园区外区域 FY 变电站、WH 变电站转供。导致区域内 10kV 网架结构复杂，DW，TJ，NY，NC 等 6 座开关站多级串供，供电可靠性低（见图 5）。

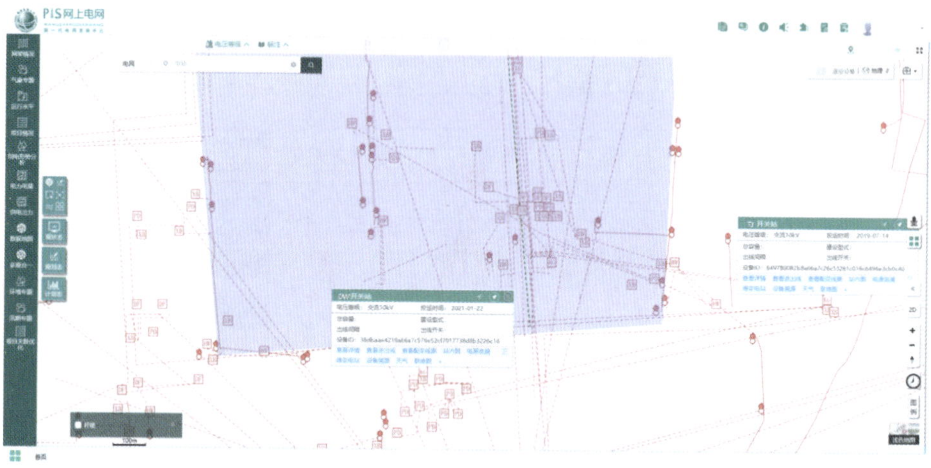

图 5 园区附近开关站示意图

利用"线路负载率监测"模块，监测到主供园区的 10kV WH 变电站 WP 线最大负载率约为 75%（见图 6）。

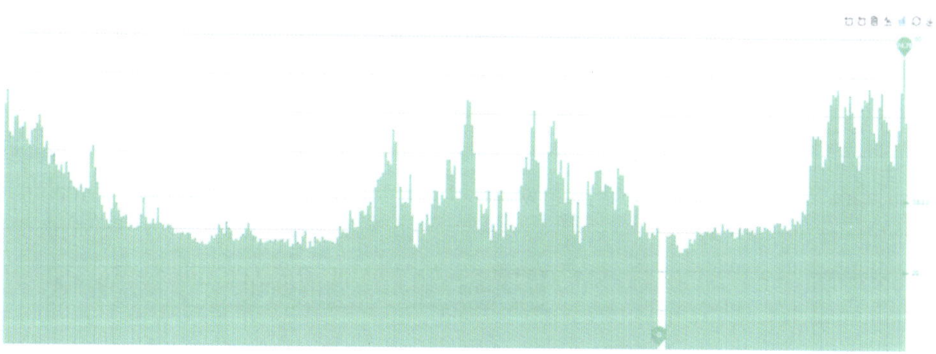

图 6 主供园区 10kV 线路负载示意图

可以看到该线除了承担园区内负荷外，仍挂接较多区域外公用配电变压器，并非园区内专线线路（见图 7）。

当前线路负载已经较高，并且根据业扩部门反馈，ZGYD 数据中心预计后续还将有 10 万 kVA 容量的报装计划。届时主供产业园内 10kV 线路负载会进一步升高，网架薄弱问题进一步凸显，严重影响区域内用户用电可靠性。

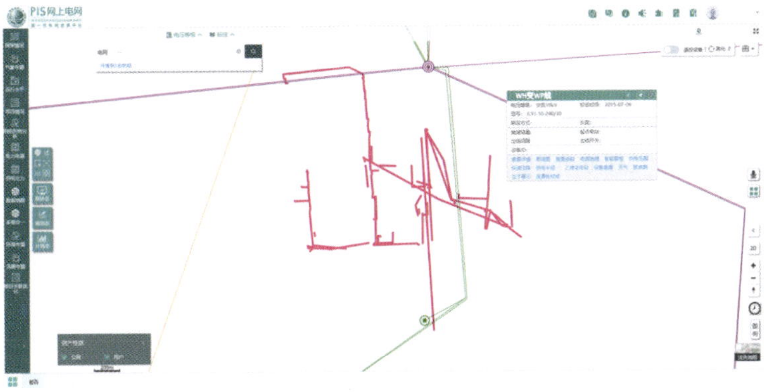

图 7 线路供电范围示意图

3.“图数合一”综合分析制订方案

基于以上分析，从规划角度对区域电网进行细化研究，寻找解决方案。

依靠系统的“负荷预测”功能，对园区未来五年的负荷发展趋势进行预测。调取过去五年该区域整体负荷曲线，可以看到“十三五”期间，大数据产业园负荷年均增长率为 8%，属于高增长地区。

采用年均增长率法、一元线性回归分析法和二元回归法进行负荷预测。2025 年大数据产业园核心区负荷将达到 96.02MW（见图 8）。从总体负荷情况来看，该区域需要新增 110kV 供电能力。

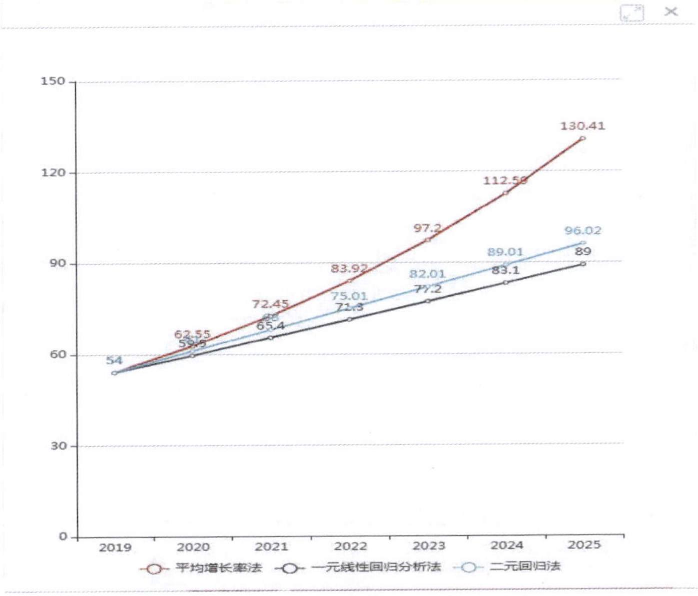

图 8 未来五年电量增长趋势示意图

最终提出了两个可行的方案，方案一：WH 变电站扩建方案；方案二：110kV JKD 变电站新建方案。并借助“网上电网”功能模块，进行方案的优化和比选。

方案一：考虑 WH 变电站扩建

WH 变电站于 2016 年投运，现有主变压器 1 台，容量 63MVA。正常情况下，变电站负荷为 12～15MW，变电站负载率并不高（见图 9）。但其当前共有 10kV 间隔 18 回，已用 15 回，间隔资源较为紧张。

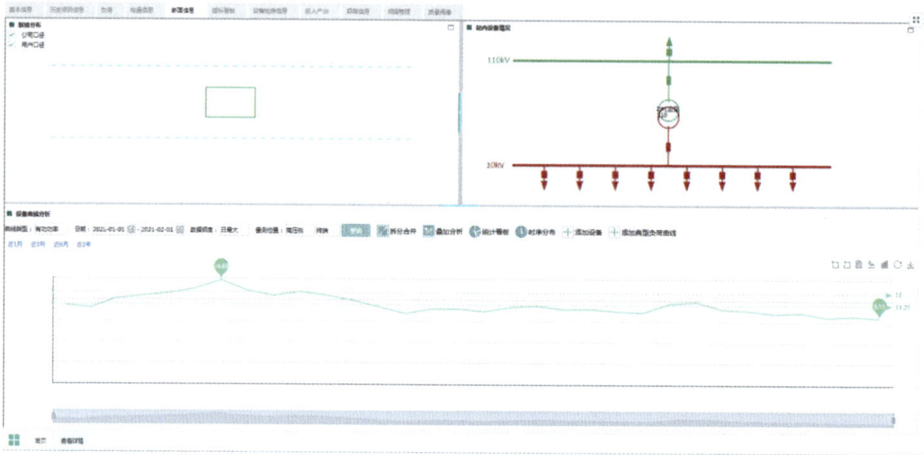

图 9　WH 变电站基本情况示意图

当前 WH 变电站剩余裕度并不能满足后期园区负荷发展的要求，并且低压间隔剩余资源也较为紧张，如果继续使用 WH 变电站承担园区供电任务，则需要对 WH 变电站进行主变压器扩建，利用新建主变压器的低压间隔出线来分摊当前园区内供电压力，预计需要占用的间隔资源将会达到 5～6 个。

但 WH 变电站还需要承担 WH 变电站以南，即 GL 方向，以及 WH 变电站以东方向的供电任务。该区域“十四五”期间并未规划新建变电站项目（见图 10）。

如果采用此方案，将制约 GL 区域电网发展，且没有改变园区开关站多级串供的问题。

方案二：考虑园区内新建 110kV 变电站

规划 JKD 变电站，110kV 出线规模 4 回，本期 2 回，1 回接入 220kV FY 变电站、1 回 T 接 FG 线。其电站位置和出线走向（见图 11）。

图 10　WH 变电站供电范围示意图

图 11　规划项目库图形示意图

配套建设 6 条 10kV 送出工程，建成 JN、JJ、JN、JD 等 6 条配电线路，退运原配电线路，形成 JKD－NC－WH、JKD－NY－WH 等 6 个单环网，彻底解决开关站多级串供的问题（见图 12）。

相较于 WH 变电站扩建方案，新建变电站方案距离负荷中心更近，对于提升供电可靠性，及降低线路线损具有优势。通过对 10kV 线路切改，实现与现有变电站 10kV 配出线形成“手拉手”供电，提升产业园区内用户的用电质量，同时归还原本占用的 WH、FY 变电站间隔资源，确保各供电范围内发展需要，能够实现一项多能。

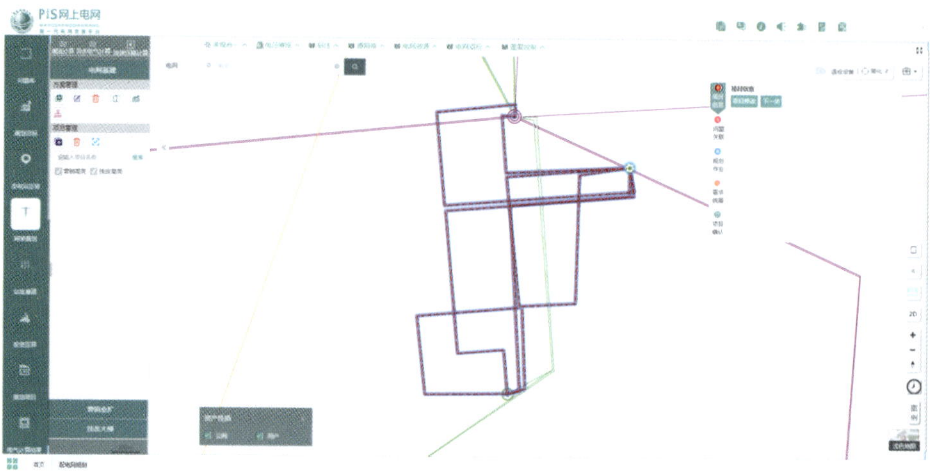

图 12　配套 10kV 线路走向示意图

当前政府对于大数据产业园区的开发强度进一步增大，大用户落成密集。引进公司和项目都较多，附近用地也趋于紧张，如果不预先布点，后续变电站落地更加困难，基于这些考虑，最终选择方案二，即通过在园区内新建一座 110kV JKD 变电站，主供当前产业园。

三、成效总结

凭借“网上电网”“同期售电量分析”功能，精准把控行业电量动向，分析行业发展趋势。通过“源网荷统计”功能，发现当前状况下电网薄弱点，极大提高了电网诊断分析和选址选线等工作效率和精细化程度。依靠“电网一张图”功能，分析区域电网及周边电源点概况，有效推动了规划精准落地，提高了项目和资金的效率效益。最后通过“规划项目库”及时纳入未来电网项目规划，支撑了政府重点建设的大数据产业园进一步发展，助力了 Z 市城市产业升级转型，具有很大的实用意义和推广范围。下一步，Z 供电公司将继续按照“建用并行”的原则对“网上电网”功能模块进行探索，持续加快“网上电网”建设应用。持续为政府、企业提供稳定优质的供电服务。

主要完成人：周子逸　裴明军　袁莉莉

第三章

辅助电网精准诊断

◎ **案例 1**　U 供电公司《利用“网上电网”高效解决配网频繁停电问题》

◎ **案例 2**　S 供电公司《借助“网上电网”开展全电压等级电网诊断及重载变电站治理》

◎ **案例 3**　T 供电公司《依托“网上电网”实施 110kV ZXL 变电站扩容改造》

案例 1 依托“网上电网”平台，针对 C 县配网频繁停电投诉问题，使用“网架情况”“负荷曲线分析”等功能，分析了 C 县频繁停电线路的情况与原因，结合“网上电网”直观、准确的数据展示，提出了“U 市 C 县 35kV QD 变电站 Q5 板新建工程”需求方案，并将此方案纳入“网上电网”“十四五”规划项目库，助力解决 C 县配电网频繁停电的问题。本案例的研究方法，对于优化 10kV 网络、研究配网诊断分析等工作具有广泛的参考价值。

案例 2 针对 S 市配电网网架基础薄弱、设备重过载和设备老旧等问题，S 供电公司发展部借助“网上电网”的“电网诊断”功能模块，实时提取电网运行的数据，直观智能地为电网“诊断”“把脉”，找出电网的“症结”，开出改造提升电网的“处方”，并以图数结合的模式，进行问题电网的方案策略对比，实现负荷切改最优方案的选择，缓解规划工作中“懂规划的不熟悉现场，熟悉现场的不懂规划”的最大痛点。

案例 3 针对中心城市区域电网设备建设的难题，以市区 110kV ZXL 变电站过载为案例分析，应用“网上电网”的“电网诊断、设备负载率”等功能，综合考虑中心城市区域特点，选取适当的扩建增容或新增变电站布点等方案，有效解决了中心城市区域变电站重过载等问题。

案例 1

利用“网上电网”高效解决配网频繁停电问题

一、背景介绍

本案例是依托“网上电网”平台，针对 U 市 C 县配网频繁停电投诉问题，结合“网上电网”的数据支撑，提出了“U 市 C 县 35kV QD 变电站 Q5 板新建工程”需求方案，并将此方案纳入“网上电网”“十四五”规划项目库（见图 1），助力解决 C 县配电网频繁停电的问题。

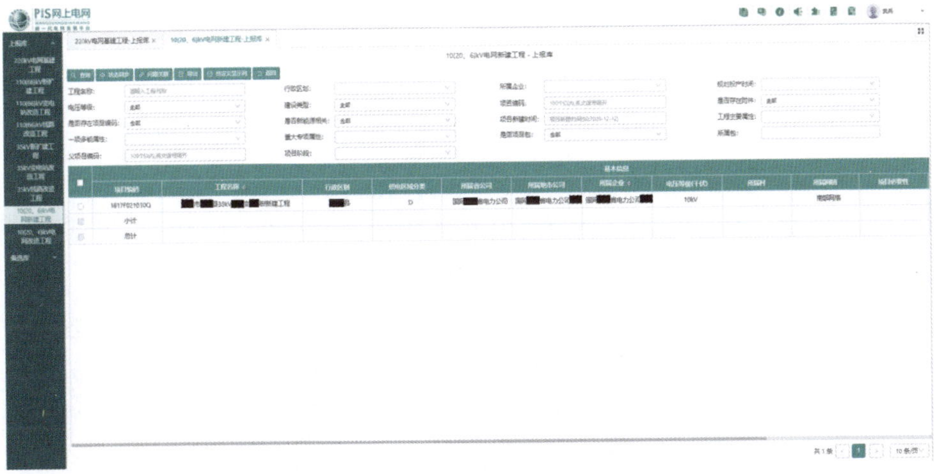

图 1　U 市 C 县 35kV QD 变电站 Q5 板新建工程示意图

二、应用详情

1. C 县频繁停电区域情况分析

2020 年全年 C 县共收到频繁停电投诉 30 余件，主要集中在 5～9 月夏季用电高峰期。其中，发生在 35kV QD 变电站 10kV 出线 LW 线频繁停电投诉近 10 次，占 C 县全年投诉的 30%左右。首先利用“网架情况”功能，快速定位到线路位置，查看线路基本信息（见图 2）。可以看出此线路于 2005 年投运，现在所带用户已达到约一万余户，线路总容量约为 8MVA。从基本信息里，可以分析出此线路投运较早，所带用户较多，最大负荷达到约 7.5MW，主干线却采用 70 裸导线，用电高峰期间 LW 线多次出现整体低电压及故障停电的现象，已不能满足供电稳定性的要求。

图 2　LW 线线路基本信息示意图

2. 查看频繁停电线路 2020 年全年运行情况

利用“区域概况”功能，可以看出 C 县是全市人口输出大县，总人口约 140 万人（见图 3），常住人口约 100 万人，每年外出务工求学人员高达 40 万人左右。2020 年受疫情影响，不少人口滞留本地，为度冬期间电网负荷造成较大压力。面对线路频繁停电问题，以往，需要协调相关部门，线下收集线路运行数据，进行情况分析。现在，利用“负荷曲线分析”功能，查看线路运行情况。可以看到，LW 线负载率在 2020 年 1 月 24 日 8 点 15 分除夕夜当晚达到了 92.68%（如图 4 所示），相较 2019 年最大负载 7 月 30 日凌晨 00 点 30 分的 84%，增加了 8.68%。居民冬季供暖用电负荷快速上升，以及度夏期间降温用电需求增高的压力下，此线路负荷多次重载。

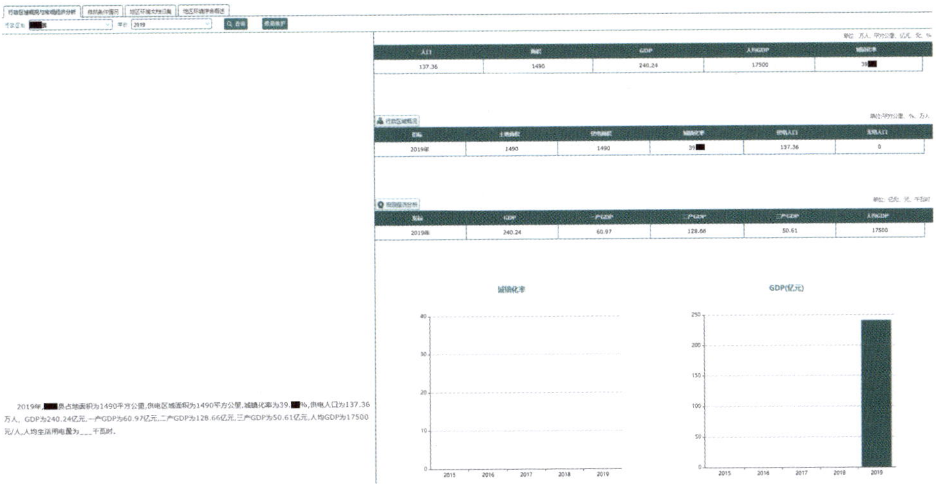

图 3 C 县地区概况示意图

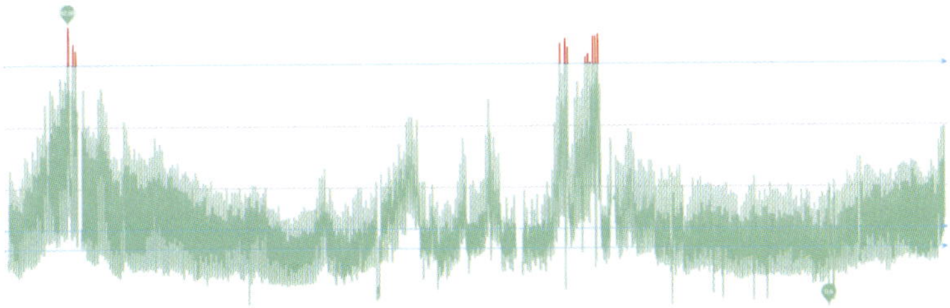

图 4 LW 线负荷曲线图示意图

3. 分析线路周围网架情况

使用“运行水平”功能查询到，QD 变电站负载率由 2019 年的 66.2%上升至 2020 年的 75.1%，已临近重载。而且，QD 变电站 10kV LW 线主干线长度 16km，供电半径 35km，线路的供电范围较大。并且，通过“负荷曲线分析”功能，查询到 QD 变电站的 LW 线（绿色）、YC 线（蓝色）、ZZ 线（紫色）最大负载分别为 92.68%、94.24%、84.29%，三条线路均重载（见图 5）。

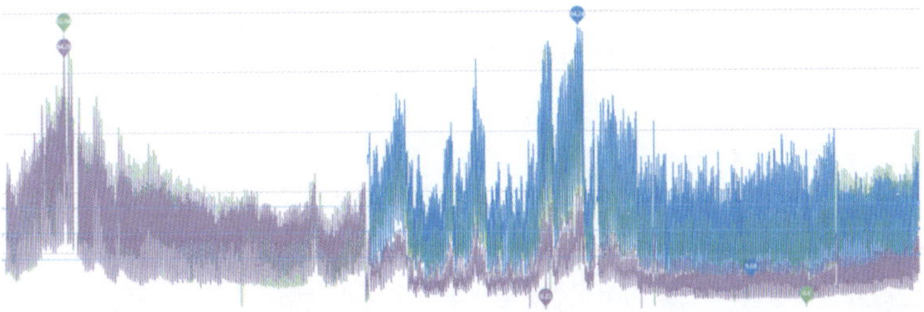

图 5 LW 线、YC 线、ZZ 线负荷曲线图示意图

4. 制订解决方案

LW 线所带用户有 1 万余户，其中，工业用户有 20 多家，其余为居民用户。随着农网改造的进一步升级、居民用户小家电的普及、工业企业的复苏等，后续 LW 线负荷压力将继续增加。为解决 LW 线负荷压力，使线路满足负荷的发展需要，降低线路安全隐患，提高供电可靠性，本着经济、实用的原则提出了解决方案：实施“U 市 C 县 35kV QD 变电站 Q5 板新建工程”。目前，该项目已纳入“十四五”规划项目库，于 2021 年开工。通过“规划项目库可视化管理”功能，可以了解并实时跟踪项目进展情况（见图 6）。

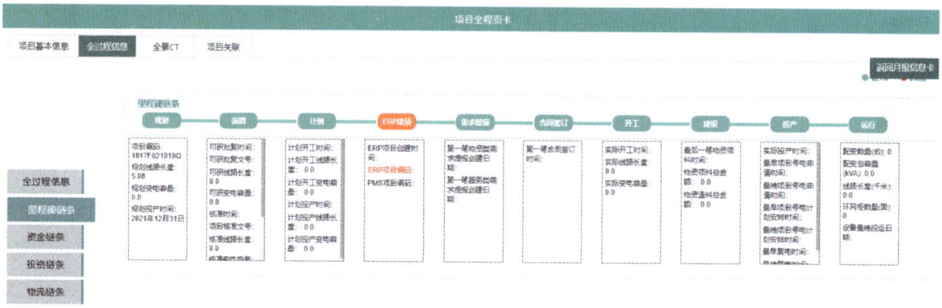

图 6　U 市 C 县 35kV QD 变电站 Q5 板新建工程全过程信息示意图

针对 QD 变电站主变压器临近重载的问题，U 市 C 县 110kV YZ 变电站 2 号主变压器于 2021 年投产，投产后由 YZ 变电站新增配出线路至 ZZ 线（见图 7），转带其大部分负荷，剩余负荷由 ZZ 线及 YC 线共同承载。一是实现站间联络，提高供电可靠性；二是将 ZZ 线大部分负荷转移至 YZ 新增配出

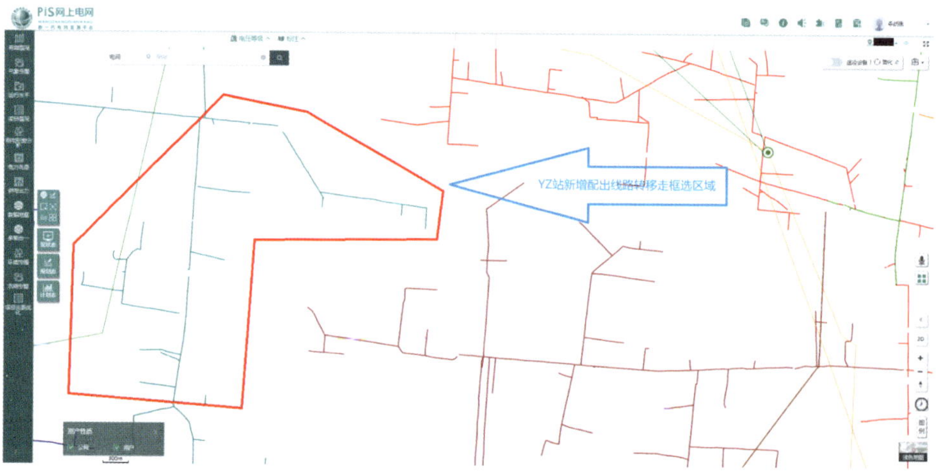

图 7　YZ 变电站新配出线路示意图

线路，解决 ZZ 线与 YC 线重载问题；三是将 QD 变电站部分负荷转移至 YZ 变电站，解决 QD 变电站主变压器负载率临近重载问题。

5. 项目成效

通过“规划可视化”功能，可以看到项目实施后，C 县 35kV QD 变电站将新增 10kV Q5 板出线，与 LW 线同杆架设 3km 左右，把 LW 线进行分流（见图 8）。分流后 LW 线南部负荷由新建的 Q5 板线路所带，可有效解决 LW 线负荷高峰时期低电压状况和频繁停电投诉问题。

图 8 U 市 C 县 35kV QD 变电站 Q5 板新建工程图形信息示意图

三、成效总结

本案例进行了 C 县频繁停电区域概况分析、停电线路运行情况分析、网架情况分析。直观地展示了问题设备的全年运行数据、最大负荷、最大负荷出现时段等信息，高效支撑了 C 县配网频繁停电投诉问题的解决。本案例的研究方法，对于优化 10kV 网络、研究配网诊断分析等工作具有广泛的参考价值，可有效提升工作效率和智能规划支撑水平。

主要完成人： 赵艳阳 师 君

案例 2

借助“网上电网”开展全电压等级电网诊断及重载变电站治理

一、背景介绍

传统配电网诊断分析，由于提取的运行数据滞后、图形数据分离、专业标准不一、人为因素影响等，导致诊断分析做不“透”。而“网上电网”基于“运行态一电网一张图”，提取电网运行的数据，直观智能地为电网“诊断”、“把脉”，找出电网的“症结”，开出改造提升电网的“处方”。针对 S 市配电网网架基础薄弱、设备重过载和设备老旧等问题，S 供电公司发展部借助“网上电网”的“电网诊断”功能模块，深入研究分析各类电网数据，提出电网提升举措，解决最迫切的电网问题，形成 S 市供电区配电网提升方案。

二、应用详情

1. 分析 S 市地区配电网概况

“源网荷设备统计”模块一览电网概况。首先，使用系统中“源网荷设备统计”功能，可查看 S 市区域电网具体概况。勾选不同电压等级，得到配电网的概况，可快速统计出 S 市配电网现状规模，如图 1 所示。

2. 现状电网问题梳理诊断

“网上诊断分析”模块形成存量配电网问题清单。问题清单覆盖 S 市配电网各个电压等级，直观展示不同发展区域的监测指标态势。从电网发展规模与速度、安全与质量、效率与效益、电网经营企业等方面，清晰诊断全量设备数

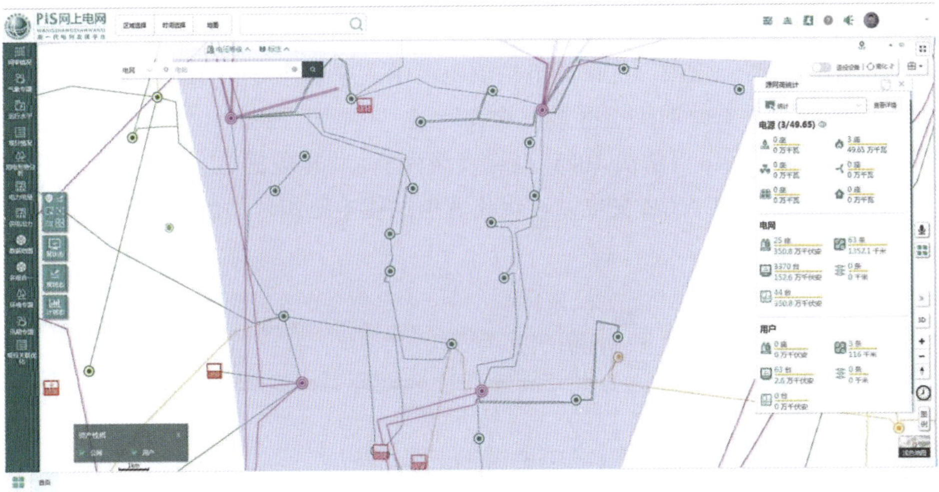

图 1　S 市电网规模示意图

据，包含电网规模、容载比、装备水平、设备负载率、线损率等多个指标。利用“网上电网”的“电网诊断”功能，以“网格化规划”的供电网格为基本单位，对每个供电网格内的设备状态、负载情况等数据进行自动统计，形成存量电网问题清单，如图 2 所示。大大提升电网诊断精度，节省专业交接、人工统计造成的管理内耗。

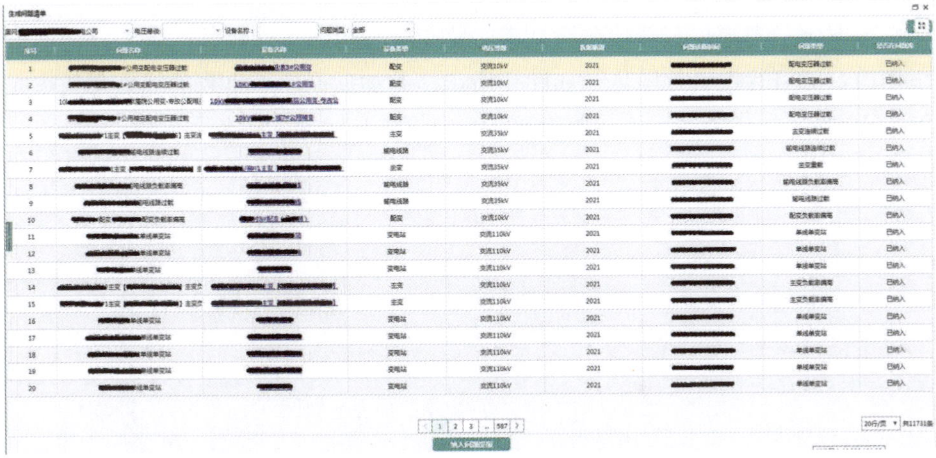

图 2　存量问题清单示意图

通过问题挖掘，找出重过载问题设备 3171 个，线路“卡脖子”问题 976 个，线路供电距离超范围问题 322 个，运行超 30 年配电变压器 1883 台。完成了对 S 市供电区配电网的全面诊断。

3. 研究确定配电网问题解决方案

应用“电网一张图”优化变电站供电范围。原来需对所有线路进行人工筛选才能确定交叉重叠的供电区域，现在通过“电网一张图”，变电站和线路的供电范围明晰展示。以解决 10kV 过载线路为例，将重载的 ZL 变电站负荷可分别切改至附近的 FL、CZ 变电站，优化变电站供电范围，如图 3 所示。

图 3　ZL 变电站、CZ 变电站、FL 变电站供电范围示意图

方案一：考虑现有线路负荷切改，将 ZL 变电站东边相邻四条线路两两联络切改，对可行性进行验证，如图 4 所示。叠加后原本不重载的线路负载率超过了 100%，所以方案一不可行。

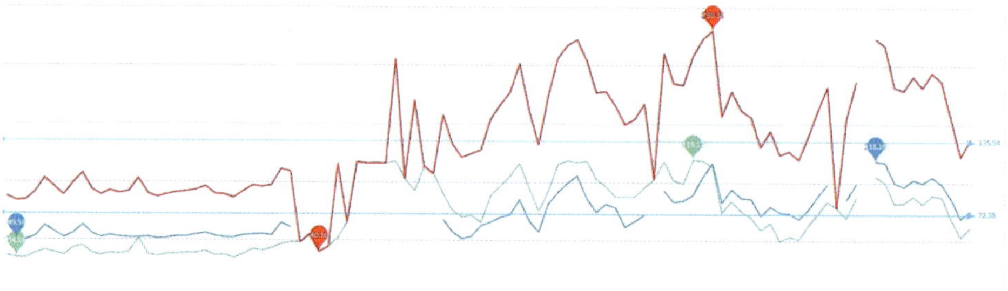

图 4　线路叠加后负载情况示意图

方案二：新建配电线路进行切改，采取最短路径架设线路，从 CZ 变电站新建两条线路，分别接带 ZG 八线、ZP 四线负荷，选择路径时，还必须考虑控规用地情况。由于该方案途经省级工业园区，园区要求采用电缆方式，但现场

不具备电缆通道，所以方案二也不可行。

方案三：沿着控规用地边缘，由 FL 变电站新建两条线路，分别接带 ZP 一线、ZP 二线负荷。通过设计人员实地勘测验证，确认了规划方案准确、可行。目前，该项目已经纳入配电网“十四五”规划，计划 2022 年实施。

三、成效总结

本案例依托“网上电网”平台，高效便捷进行了 S 市地区现状电网的统计、存量问题电网诊断和位置获取等工作。以图数结合的模式，进行了问题电网的方案策略对比，实现了负荷切改最优方案的选择。改变了原来需要线下收集大量数据、相关人员紧密配合才能得到结果的工作方式，缓解了规划工作中“懂规划的不熟悉现场，熟悉现场的不懂规划”的最大痛点。制订出 4552 条配电网问题解决方案，已经在 S 市各县供电公司推广应用，为下阶段项目储备工作提供了有力的依据，为规划人员打开“金手指”，大大提高了规划效率和科学性。

主要完成人：吴　博　华大鹏　郭　旭　李婷婷　梁　伟

案例 3

依托“网上电网”实施 110kV ZXL 变电站扩容改造

一、背景介绍

近些年来，T 市地区电网负荷快速增长，但受各种因素限制，部分区域电网建设不能满足用电需求，局部出现设备过载情况，如 2019 年 T 市地区 110kV 变电站共 8 座出现短时过载，占比为 13.11%（见图 1），110kV ZXL 变电站就是其中之一。

负荷分布信息

	轻载	正常			重载	过载
分布百分比	0-20%	20%-40%	40%-60%	60%-80%	80%-100%	100%以上
交流110kV	4	5	25	10	9	8
合计	4	5	25	10	9	8

图 1　2019 年 T 市 110kV 变电站过载情况示意图

随着“网上电网”系统高效建设，在开展电网规划、解决电网问题等方面，该系统所发挥的作用越加突出。经过“网上电网”系统逐步的推广应用和建设，2020 年 T 市地区变电站过载数大幅降低。其中，110kV 变电站出现 5 座过载情况，占比为 7.93%（见图 2），过载情况较 2019 年大幅下降。

负荷分布信息

	轻载	正常			重载	过载
分布百分比	0-20%	20%-40%	40%-60%	60%-80%	80%-100%	100%以上
交流110kV	1	12	20	15	10	5
合计	1	12	20	15	10	5

图 2　2020 年 T 市 110kV 变电站过载情况示意图

本案例将以 110kV ZXL 变电站作为重点进行分析，通过分析变电站过载情况，查询变电站相关信息，制订解决方案，最后检验预期效果。

二、应用详情

1. 变电站周边环境

110kV ZXL 变电站在 T 市城市中心区域，位于 ZB 路与 ZX 路交叉口西 50m，于 2002 年 4 月份投运。该变电站拥有 2 台主变压器，最初容量仅有 71MVA（40MVA + 31MVA），担负着周边重要的商业和居民供电，重要用户包括 DNS 商场、SF 商城、HJSD 广场等。

通过“网上电网”查询变电站的位置，可见 110kV ZXL 变电站南边为河流，北边为建成小区，在其周边半径 5 公里范围内没有空闲用地，不具备新建变电站的可行性。

2. 变电站负荷情况

随着近些年区域经济发展，居民生活水平不断提高，特别是 2019 年该供电区域内的 DNS 商场的开业运营，夏季温度高峰时刻，叠加居民空调用电，已经不能满足用电需求。在 2019 年 7 月，该站变电站所带最大负荷为 72.89MVA，负载率高达 101.94%（见图 3），出现短时过负荷现象，导致电力调度部门采取限制部分负荷等措施，避免了可能造成的安全隐患。

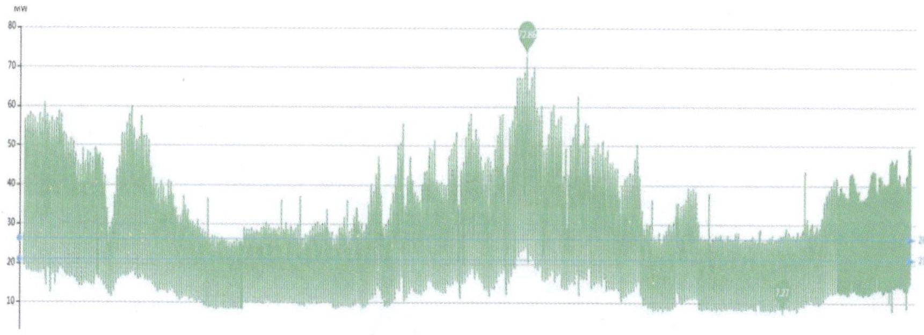

图 3 2019 年 ZXL 变电站负荷示意图

3. 解决方案确定

针对 110kV ZXL 变电站过负荷的状况，2020 年 4 月，T 供电公司组织发展部、运维检修部、调控中心等多部门共同参与，利用“网上电网”系统功能进行分析，研究制订解决方案。

一是研究变电站主接线状况。通过“网上电网”的“站内拓扑”和“间隔主题”功能，可看出110kV ZXL变电站高压线路2条，分别为110kV LZ线和JZ线，备用间隔数为0（见图4），已无扩建高压线路可行性。根据变电站典型设计标准，高压进线为2条的情况下，主变压器的最终规模是2台，当前已达最大主变压器台数，无法通过扩建主变压器台数来解决问题。

二是确定更换主变压器扩容方案。经讨论分析，市区属于B类供电区域，按最新配电网规划准则，110kV变压器推荐采用40MVA、50MVA、63MVA，原来的主变压器容量为31MVA，且运行时间较长，已不符合要求，可通过更换主变压器来实现增容目的。综合各方因素，最终采用主变压器更换增容方案，选用容量63MVA主变压器，能够满足未来几年供电需求。

图4　ZXL变电站接线及高压间隔示意图

4. 实施效果

最终解决方案制订后，为保障在迎峰度夏期间变电站能安全可靠供电，T供电公司组织人员迅速开展项目实施，经过近2个月的ZXL主变压器增更换容工程建设，于2020年6月底新的主变压器投入运行。在2020年7月份用电高峰时刻，通过调度合理分配负荷等措施，用电负荷达到65.4MVA，最大负载率为65.9%（见图5），处于合理运行状态，达到了预期效果。

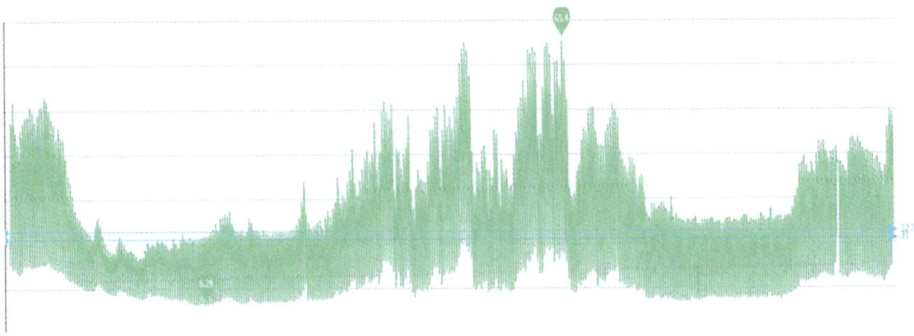

图5　2020年ZXL变电站负荷示意图

三、成效总结

对比以往电网规划工作方式，“网上电网”中所能发挥的优势越来越明显，主要体现在以下方面：

一是资料收集方面，以往，需调度部门提供大负荷期间各变电设备的最大负荷，结合运维检修部 PMS 的变电设备基础档案信息，才能综合分析变电设备的负载情况。现在，“网上电网”可以方便查询各变电站、主变压器、线路的历年负载数据、档案信息等，不需相关部门的报表报送，大大减少了工作人员工作量。

二是电网规划方面，以往，需去现场察看变电站周边情况，到政府规划部门了解周边城市规划等情况，才能综合考虑电网规划。现在，“网上电网”可以直接查看周边情况，供电单元的土地控制性规划，方便了电网规划作业。

三是数据分析方面，以往，完成各部门收集的数据收集后，需进行各类别（轻载、重载、过载）的计算分析，才能掌握总体情况。现在，“网上电网”可以根据系统历史数据，直接分析出地区各年度的电网设备负载情况，方便历史年数据的比较。

综上，“网上电网”系统的使用，减少了部门间的协调沟通，极大提高规划、调度、运维等部门人员的工作效率，为加快建设具有中国特色国际领先的能源互联网，提供了高效的数字支撑力量。

主要完成人：孙世勇　陆　畅　许刘峰　王逸超　韩一霈

第四章

助力管理水平提升

◎ **案例 1**　H 供电公司《依托“网上电网”支撑精准投资和一项多能》

◎ **案例 2**　B 供电公司《依托“网上电网”开展精准储备提升投资效益》

◎ **案例 3**　E 供电公司《基于“网上电网”辅助经济活动分析》

案例 1 针对传统项目后评价线下数据收集与汇总分析“效率低、准确性差”难题，使用“项目评价”功能，从主设备、工程和所在区域电网等多个层级，分析负荷利用情况、供电能力、运行成效等评价结果，提出以主变压器调剂的“ZY 110kV 输变电工程”实施方案，并纳入“十四五”规划。该方案的实施缓解了容载比局部低与整体高的矛盾，有效支撑了精准投资，取得一项多能综合效益。本案例对于提高电网建设项目的经济效益和社会效益具有示范引领意义。

案例 2 以电网投资效益提升为目标，严格落实“花钱必问效”的理念，通过“电网一张图”功能，直观查看配变的实际位置与运行数据等，破解了以往专业间数据分散的问题；应用“设备运行数据查询与叠加”功能，分析同一行政村内台区综合利用情况，提出了“先管理，后投资”的电网建设要求，并已在 B 市目前所有配网项目下达投资计划前严格实施。本案例对于合理利用现有电网资源、增加电网投资效益具有积极意义。

案例 3 针对 E 市经济活动分析情况，利用“供电出力”“用电形势分析”“源网荷设备统计”“指标看板”等模块，高效便捷的对负荷、电量、电厂、设备进行了分析，直观地展现了 E 市电力生产经营情况，缩短了经济活动分析计算过程，提高了经济活动分析的准确性，为 E 市经济发展提供了数据支撑。

案例 1

依托“网上电网”支撑精准投资和一项多能

一、背景介绍

在电网企业数字化转型的背景下，新一代信息系统“网上电网”应运而生，其项目后评价模块以直观、便捷、高效的优势，缓解了传统项目后评价过程中，线下数据收集与汇总分析“效率低、实施难、不及时、准确性差”等痛点难点。

本案例借助“网上电网”“项目后评价”模块，从主设备、工程和所在区域电网等多个层级，分析负荷利用情况、供电能力、运行成效等评价结果，提出主变压器调剂等举措，开展后续电网规划工程建设，缓解了容载比局部低与整体高的矛盾，有效支撑“十四五”规划精准投资，保障地方经济快速发展，取得一项多能综合效益。

二、应用详情

1. 开展工程项目后评价，形成了“建设规模滞后电网负荷需求”的结论

通过“项目后评价”中的“项目评价”模块（见图 1、图 2）。选择“H 市 B 县 110kV TL 变电站 2 号主变压器扩建”工程进行分析，该模块中数据翔实、层次清晰，包括“查看详情”“项目评价”“综合得分”等内容。

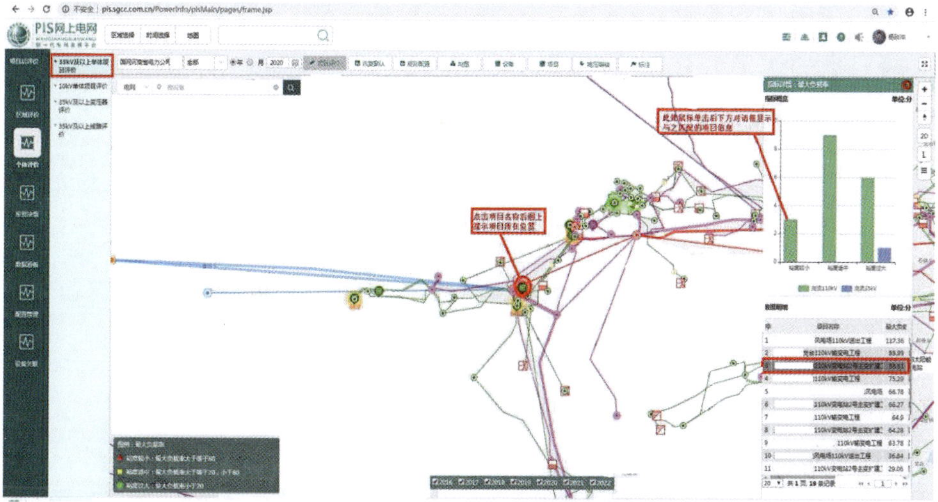

图 1　单体项目评价总览示意图

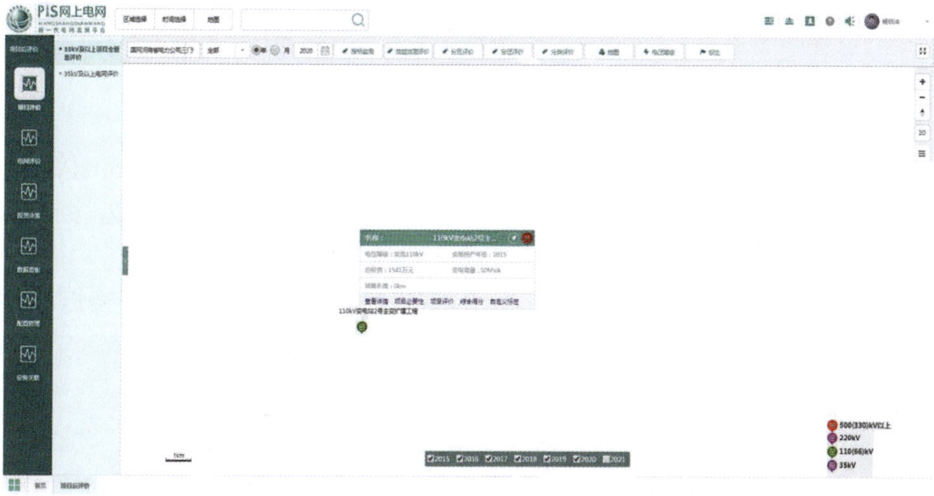

图 2　T2 号主变压器扩建项目界面示意图

首先，针对建设详情和成效评分方面进行分析（见图 3），该工程 2015 年 12 月 30 日投运，截至 2020 年已达产 4 年，年总输送电量约 14900 万 kW・h，单位投资年度输送电量约 9.7W・h/元，项目综合评分为 81.3 分。

其次，针对负荷利用情况进行分析，该项目 2020 年最大负载率 88.81%，增长率为 5.00%，平均负载率 35.8%，最大负荷利用小时数 3388.39h，增长率 8.23%。

图3　T2号主变压器扩建项目综合得分示意图

最后，针对供电能力进行分析（见图4），该项目供电能力为50MVA，供区最大负荷为44.77MW，项目所在供电区交流110kV容载比为1.12，小于1.7。

综上分析可知，该工程项目投运后实际已达到预期，但建设规模滞后电网负荷需求，需要在下一阶段新增布点适应发展。

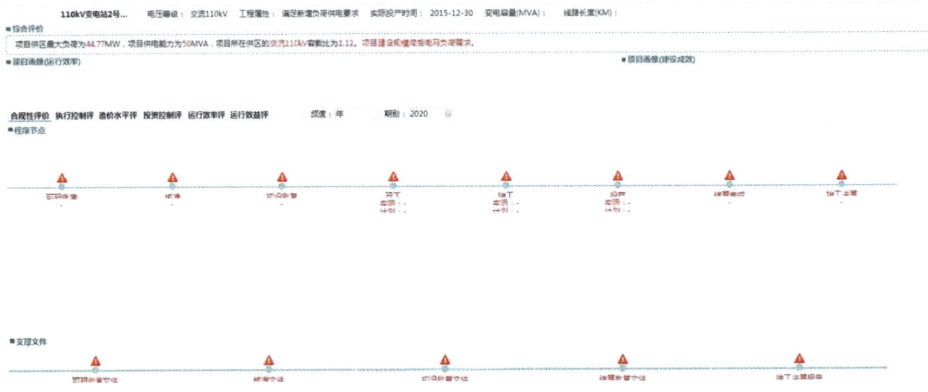

图4　T2号主变压器扩建项目评价示意图

2. 开展项目主设备后评价，形成了“负载水平较高，需要合理调整用电负荷”的结论

针对 TL 变电站 2 号主变压器 2020 年运行效率进行评价，评价指标包括最大负载率、平均负载率、重过载时长和最大负荷利用小时数等。

首先，对主变压器负载率情况进行分析（见图 5、图 6）。T2 号主变压器最大负载率 88.8%，平均负载率 35.8%。其中，平均负载率高于 30%的月份占比 66.7%，负载水平较高，周边影响设备平均负载率为 28%，影响设备平均运行效率较高。

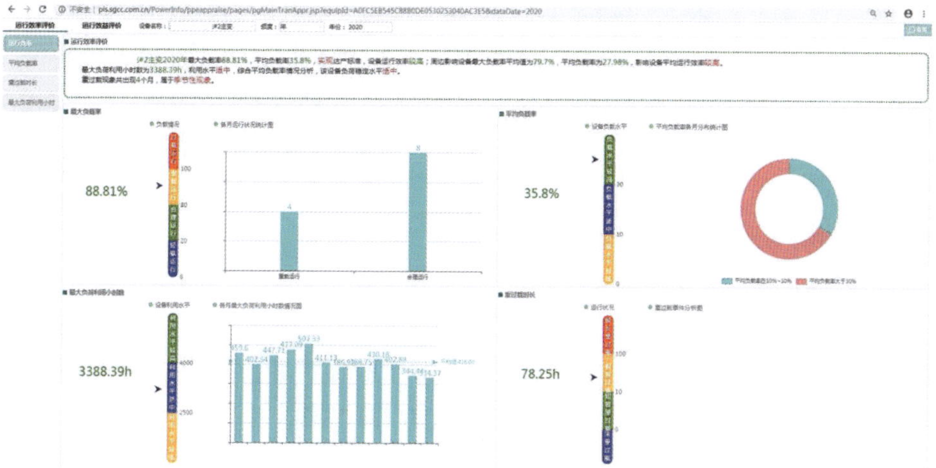

图 5　T2 号主变压器运行效率示意图

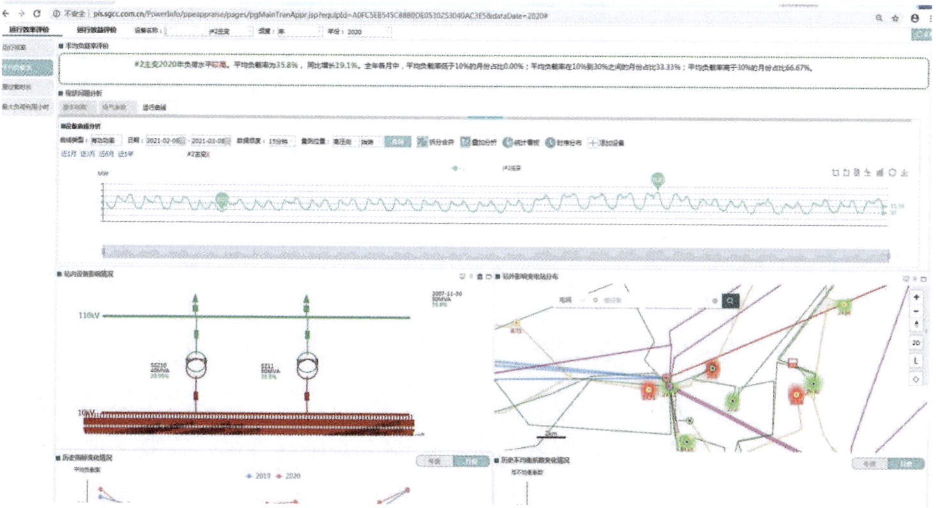

图 6　T2 号主变压器平均负载率示意图

其次，对主变压器重过载时长方面进行分析（见图 7）。T2 号主变压器属于一般重过载，运行总时长为 8328h，重过载时长为 78.25h，同比增长 8%，重过载现象共出现 4 个月，属于季节性现象。

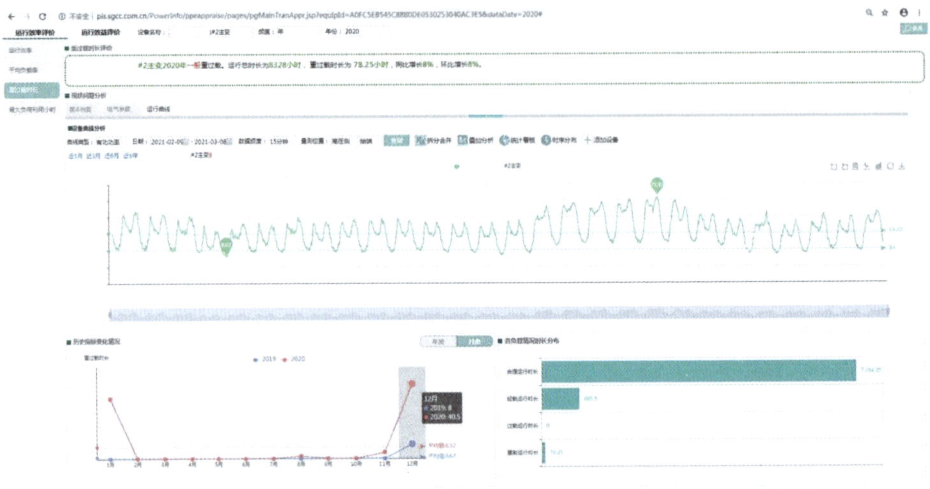

图 7　T2 号主变压器重过载时长示意图

最后，对最大负荷利用小时数进行分析（见图 8）。设备 2020 年负荷利用水平适中，最大负荷利用小时数为 3388.39h，同比增长 8.23%。

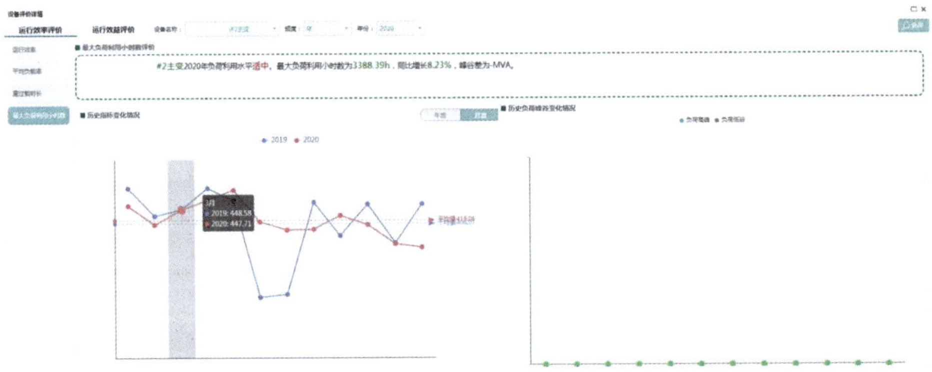

图 8　T2 号主变压器最大负荷利用小时数示意图

综上分析可知，该设备自投运后运行效率较高，负荷稳定水平适中，达到项目预期。但负载水平较高，损耗增大，影响主变压器寿命，需要合理调整用电负荷。

3. 开展地区电网后评价，形成了“整体容载比充裕，但部分设备利用率低，提出新建工程可采取主变压器调剂方案”的结论

通过“项目后评价－区域评价”模块，针对 H 市 B 县地区 35kV 以上电网进行分析。首先，对整体综合评价方面进行分析（见图 9），全地区投资效率效益评分 59.3 分，电网发展水平评分 86.07 分，总评分 67.33 分，电网发展水平良好，但投资效益较低。

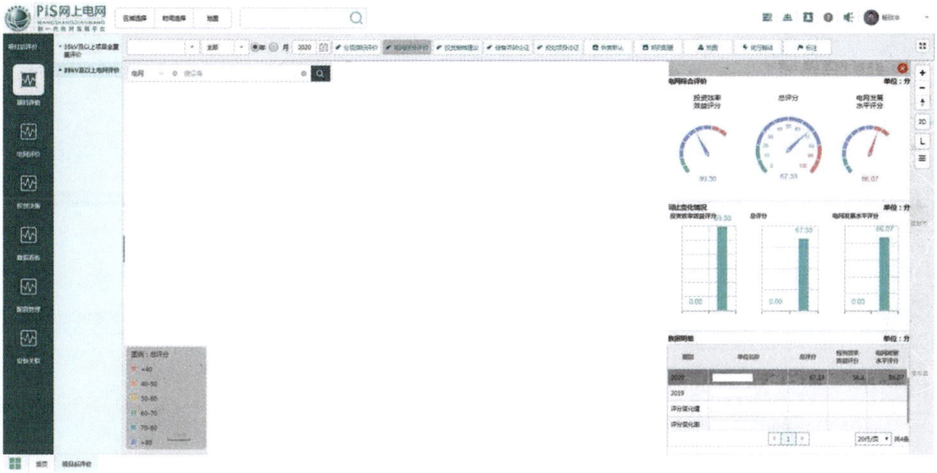

图 9　电网综合评价示意图

其次，对电网具体指标进行分析（见图 10），全地区运行成效 85 分，重过载时长 88.35 分，容载比得分 100 分（110kV 容载比 2.21、35kV 容载比 2.45）。

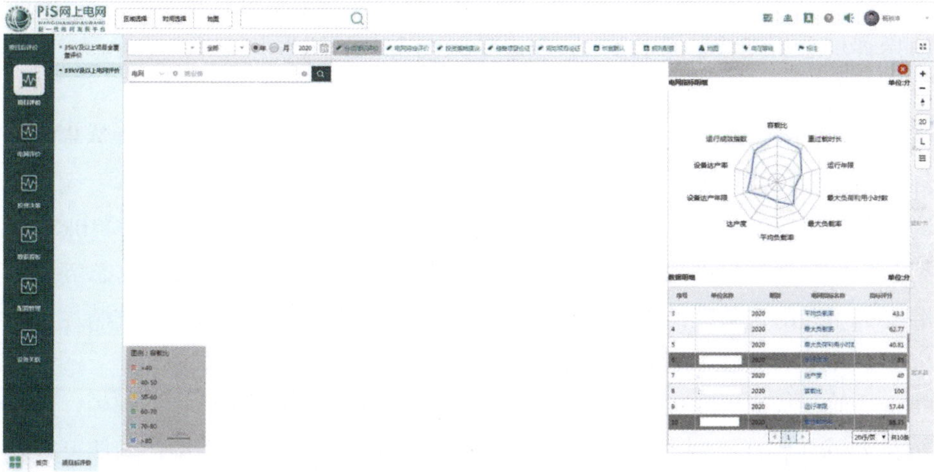

图 10　电网指标明细示意图

最后，对部分设备运行成效进行分析（见图 11），110kV JY 变电站全站最大的负载率 23.43%。其中，J1 号主变压器最大负载率 25.03%，平均负载率 2.06%，负载水平较低，未实现达产标准；J2 号主变压器最大负载率 38.19%，平均负载率 17.55%，负荷水平适中，单独运行可保证中期负荷增长。

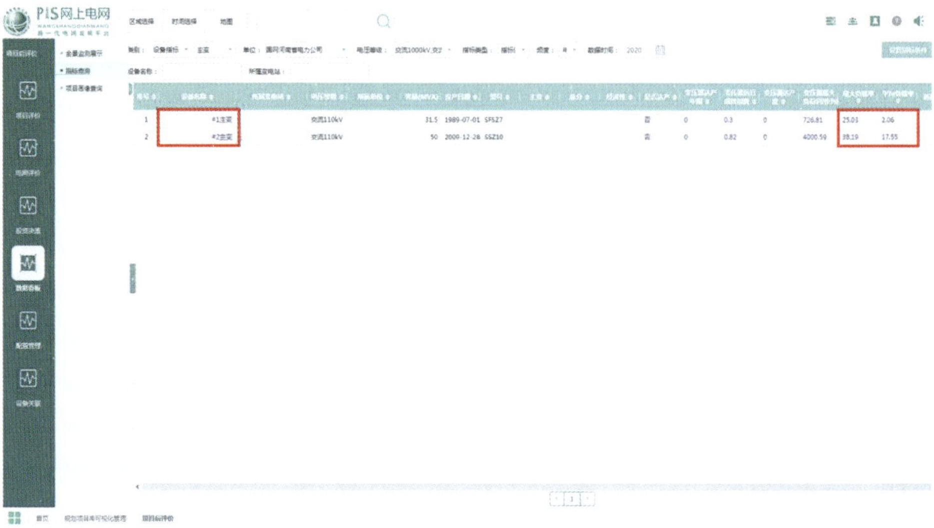

图 11　110kV JY 变电站主设备运行指标看板示意图

综上分析可知，H 市 B 县整个地区容载比相对充裕，电网运行成效良好，而部分设备利用效率偏低，因此，新建工程可采取主变压器调剂方式。

4. 以项目后评价成效支撑多维落实举措，支撑精准投资和一项多能

结合负荷快速增长需求，根据上述项目、主设备和区域电网三个层面的后评价分析结果，提出在 TL 变电站东南方向处规划“LBZY 110kV 输变电工程”。

首先，在单体设备层面，该工程所需主变压器由 H 市 B 县地区原负荷较轻的 110kV ZY 变电站 J1 号主变压器调剂使用，可节约设备投资约 200 万元，提高资金使用效率。其次，在电网供电能力层面，完善 H 市 B 县地区 110kV 网架结构，在提高局部地区容载比的同时，有效控制整体容载比偏高的态势，精准解决了局部与整体的矛盾。最后，在服务地方经济发展层面，有效满足了 H 市 B 县中东部地区负荷快速增长需求，助力经济社会高质量发展。

目前，“ZY 110kV 输变电工程”已纳入 H 供电公司“十四五”规划，预计 2024 年竣工。在“网上电网”系统“规划项目库可视化管理”中，具体可查看项目所在位置并跟踪项目各节点工作计划及状态（见图 12、图 13）。

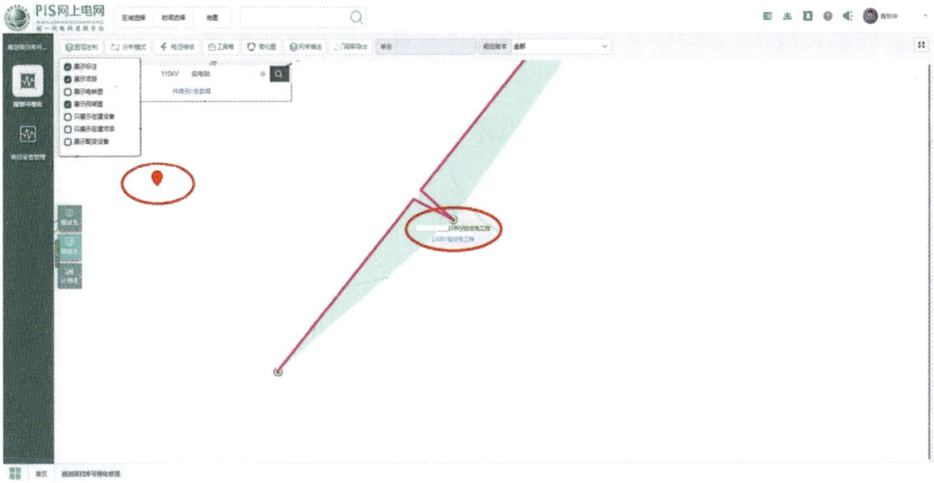

图 12 ZY 110kV 输变电工程规划位置示意图

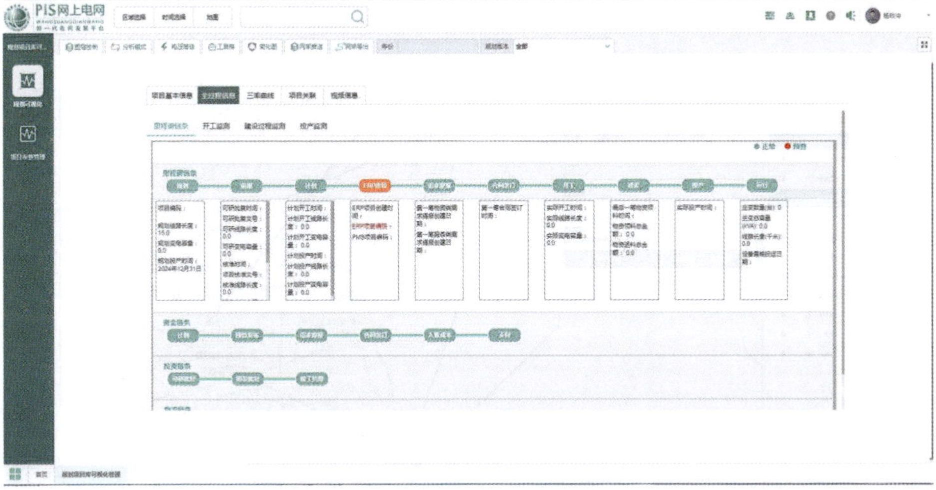

图 13 ZY 110kV 输变电工程各节点示意图

三、成效总结

本案例依托“网上电网”平台，便捷高效开展主设备、工程和地区电网等多个层面后评价分析，直观展示了各指标状态，并给出了初步的评价结论，有力支撑了后续电网规划工程建设。本案例的研究对于评价 35kV 及以上输变电工程的建设成效，具有广泛的参考价值，可有效提升工作效率，提高智能规划支撑水平。同时为地区电网发展下一步的投资方向，提供决策依据，辅助精准投资，实现一项多能，进一步提高电网建设项目的经济效益和社会效益。

主要完成人：杨琰冲　张少峰

案例 2

依托“网上电网”开展精准储备
提升投资效益

一、背景介绍

B 供电公司以精准投资为目的，严格落实“花钱必问效”的理念，坚持“先管理，后投资”的电网建设要求，运用系统思维，充分发挥存量设备效率效益。对可以通过管理手段解决的问题，暂缓纳入基建工程解决。

针对台区类工程，以行政村或自然村为单位，充分利用“网上电网”系统，考虑存量设备现状及使用效率。对重过载台区，重点梳理周边台区负载情况，分析台区所处单位，整体台区负载率情况，确需增加容量再安排基建工程。

二、应用详情

在 B 市配网 2021 年第一批投资计划下达前，C 县供电公司上报项目中，有一项“HYZ 村电网改造工程”，以此工程为例进行分析：

第一步：在“专业—源网荷储设备统计—档案查询—电网档案查询—配变档案”中搜索“HYZ”，查找行政村/自然村台区详情，如图 1 所示。

第二步：在首页电网图中搜索“HYZ”，快速确定台区位置，如图 2 所示。

第三步：在“公共—指标看板—电网诊断”指标追溯中查询单个台区负载率，如图 3 所示。

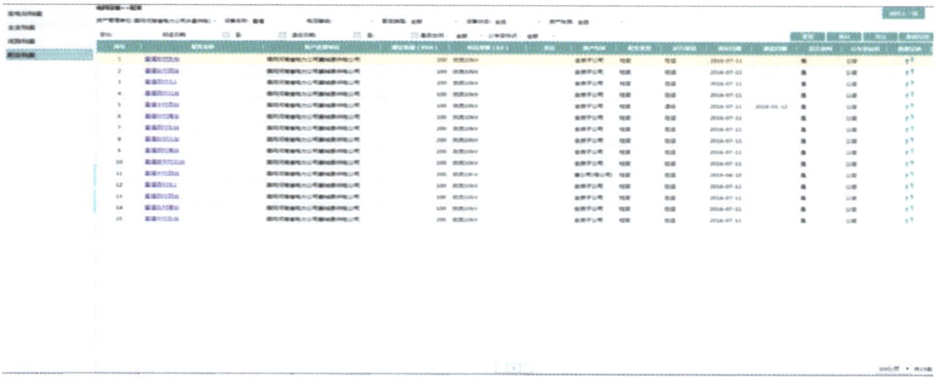

图 1　台区详情示意图

图 2　台区位置示意图

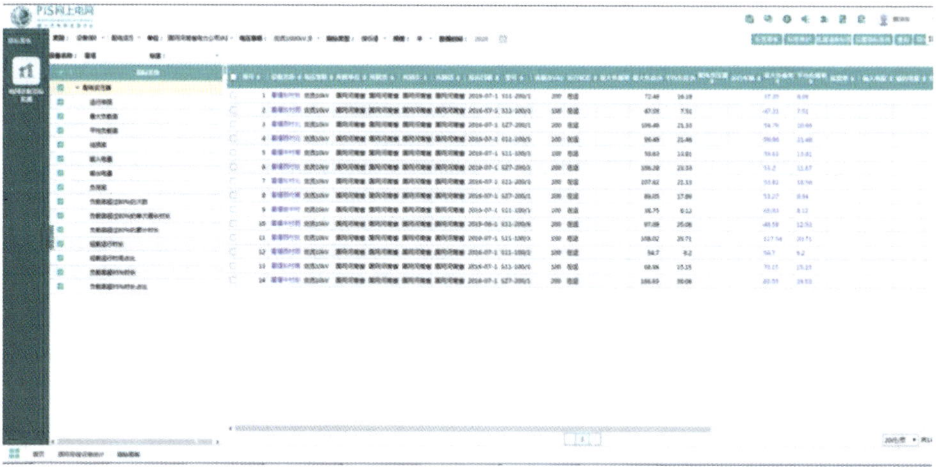

图 3　台区负载率情况示意图

第四步：综合负载率分析，对 4 个台区进行负荷叠加计算，HYZ 村东台（青色）、HYZ 村北台（蓝色）、HYZ 村南台（紫色）、HYZ 村西台（绿色）、叠加曲线（红色），如图 4、图 5 所示。

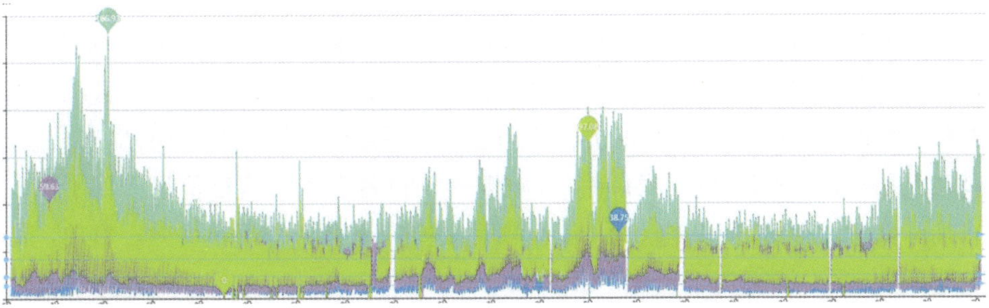

图 4　全年负载率曲线示意图

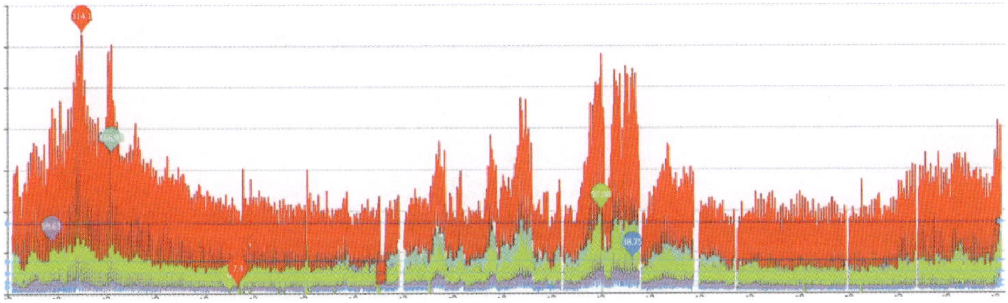

图 5　负载率叠加情况示意图

为了更直观显示 HYZ 村台区综合负载率情况，把上述数据以表格形式列出，如表 1 所示。

表 1　HYZ 村台区负载率情况（参考版）

序号	台区名称	实际负荷（kW）	配变容量（kVA）	最大负载率（%）
1	HYZ 村西台	106.88	220	53.44
2	HYZ 村北台	72.41	110	72.41
3	HYZ 村南台	65.59	110	65.59
4	HYZ 村东台	183.81	220	91.91
5	HYZ 村合计	345.51	660	57.59

通过以上分析得出 HYZ 村配电变压器平均最大负载率 57.59%，基本上可以满足自然村的用电需求。部分重载问题可通过管理手段进行解决，因此，C 县供电公司上报的“HYZ 村电网改造工程”暂未纳入投资计划。

三、成效总结

B 供电公司以电网投资效益提升为目标，严格落实“花钱必问效”的理念，即项目列入投资计划，要有充分的必要性。以往，项目必要性的支撑数据资料来自配网部 PMS、调度 D5000 与营销部用采系统等，数据收集跨部门，流程繁琐。如今，“网上电网”打通了专业壁垒，设备台账、运行信息一目了然，并且可以对运行数据综合分析，使得项目必要性审查变得简单高效。目前，此方法已于 2021 年年初，开始在 B 市推广应用。

主要完成人：杨　珏　张　淦

案例 3

基于“网上电网”辅助经济活动分析

一、背景介绍

随着社会经济不断发展，电力系统不断改革，E 供电公司对经济活动分析，提出了更高的要求。电力经济分析通过对电力企业报告期内，生产、经营、投资的企业效益和经营状况全面进行分析研究，发现电力生产经营中的一些问题，并依据这些问题找到相关的解决措施，从而，全面提升电力生产经营效率，为经营决策提供有力的支撑。E 供电公司通过“网上电网”智能平台，创新开展经济分析活动，精准分析 E 市电力生产情况。充分利用“网上电网”平台，推动统计现代化建设的发展，提高统计数据真实性，为政府科学、精准决策提供数据支撑，为 E 市经济高质量发展提供扎实的统计保障。

二、应用详情

1. 利用“网上电网”分析电力负荷增长情况

从“供电出力”模块，可以清晰地看到 E 市每日的负荷情况、最大负荷时间、平均负荷、外购负荷、上网负荷、同期供电量等信息，如图 1 所示。E 市供电区最大负荷出现在 2021 年 7 月 14 日 21 时 15 分，最大负荷约为 3250MW。最大负荷时刻外购负荷 3200MW，上网负荷 35MW。

2. 利用“网上电网”分析电力消费增长情况

通过“用电形势分析”功能，可以快速地看到 E 市全社会的用电情况，各行业占比情况，如图 2 所示。E 市累计售电量较同期有所下降，其中，工业电量下降最大。

图 1　E 市负荷情况示意图

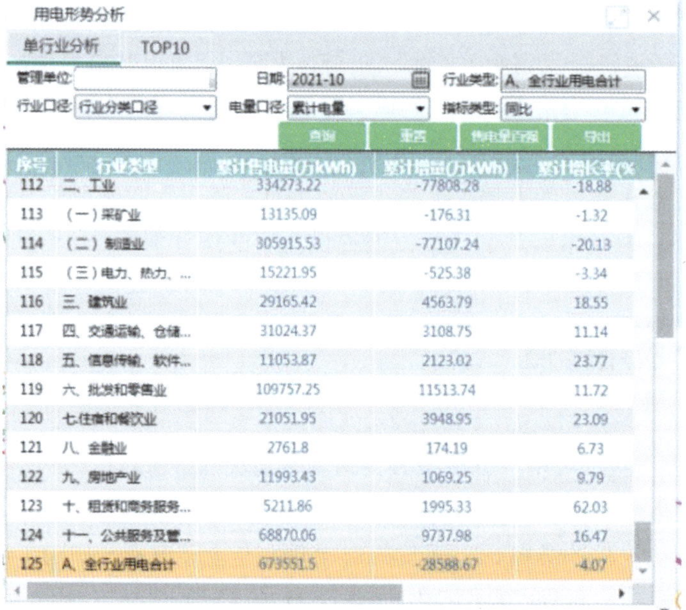

序号	行业类型	累计售电量(万kWh)	累计增量(万kWh)	累计增长率(%
112	二、工业	334273.22	-77808.28	-18.88
113	（一）采矿业	13135.09	-176.31	-1.32
114	（二）制造业	305915.53	-77107.24	-20.13
115	（三）电力、热力、...	15221.95	-525.38	-3.34
116	三、建筑业	29165.42	4563.79	18.55
117	四、交通运输、仓储...	31024.37	3108.75	11.14
118	五、信息传输、软件...	11053.87	2123.02	23.77
119	六、批发和零售业	109757.25	11513.74	11.72
120	七住宿和餐饮业	21051.95	3948.95	23.09
121	八、金融业	2761.8	174.19	6.73
122	九、房地产业	11993.43	1069.25	9.79
123	十、租赁和商务服务...	5211.86	1995.33	62.03
124	十一、公共服务及管...	68870.06	9737.98	16.47
125	A、全行业用电合计	673551.5	-28588.67	-4.07

图 2　E 市行业用电图示意图

非金属制品业、化学原料和化学制品制造业在售电量中占比较大，如图 3 所示。同时这两个行业也是负增长行业，所以 E 市工业电量负增长的主要原因是非金属制品业、化学原料和化学制品制造业电量下降。

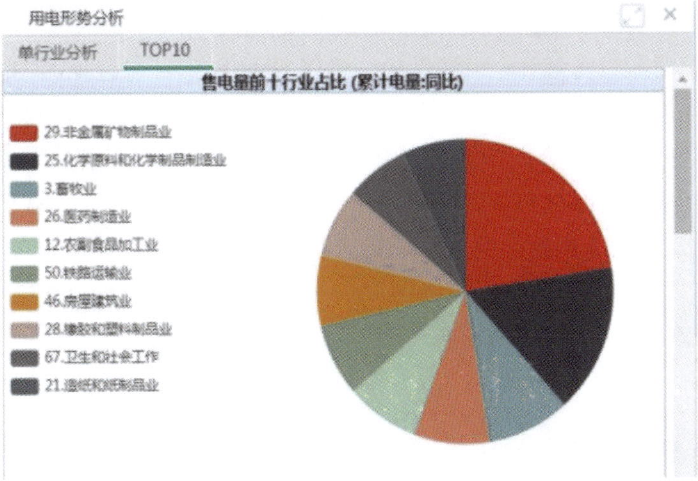

图 3　E 市各行业售电量占比情况示意图

点击“专业—同期电量监测—售电量监测—行业售电量监测”，双击化学原料和化学制品制造业可以看到 2021 年该行业电量趋势，如图 4 所示。2021 年化学原料和化学制品制造业电量较去年同期大幅下降。通过营销部沟通了解到，从 3 月份起，河南 JH 发展股份有限公司提出关于停车大修的申请意向，该公司月均用电量在 1.2 亿 kW • h，停车大修后月均用电量降至 0.2 亿 kW • h，预计每月将拉动工业电量降低约 18%。E 供电公司了解情况后，立即向市政府详细汇报了 JH 电量情况，得到市政府的肯定，为政府经济决策提供依据。

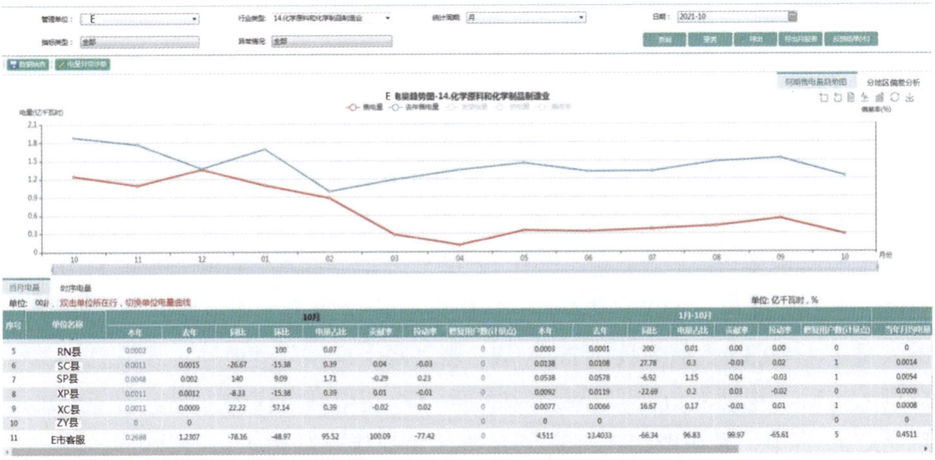

图 4　2021 年化学原料和化学制品制造业电量趋势示意图

3. 利用“网上电网”分析电力装机情况

从“源网荷设备统计－电源”中，可以看到 E 市目前有 43 座电厂，装机容量约为 400 万 kW，其中，水电厂 4 座、火电厂 14 座（包含生物质电厂）、风电厂 16 座，太阳能电厂 9 座，如图 5 所示。“十三五”以来 E 市大力发展新能源行业，坚持创新、协调、绿色、开放、共享的新发展理念，截至 2021 年 11 月，E 市共有 33 座新能源电厂，新能源装机容量占总装机容量的 48%。

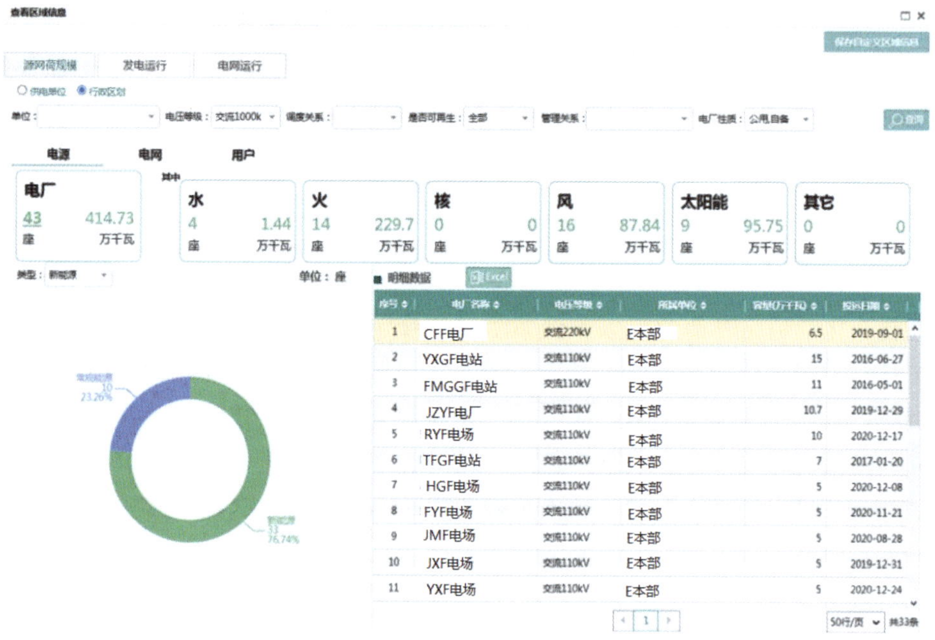

图 5　E 市电厂情况示意图

4. 利用“网上电网”分析电网设备负载情况

从“公共—指标看板”中，可以选择各电压等级变电站负载率情况，如图 6 所示。选择 220kV 电压等级，可以看到 E 市所有 220kV 变电站的负载率情况、最大负载率出现时间等。通过“网上电网”系统，分析得到 2021 年 E 市负载率大于 80%的变电站有 27 座。其中，220kV 变电站 3 座，110kV 变电站 10 座，35kV 变电站 14 座。220kV TZ 变电站作为 E 市区最重要变电站之一，2021 年最大负载率 89.3%，最大负荷 260MW。将“网上电网”变电站负载信息提供给规划人员后，规划人员立即开展编制缓解 TZ 变电站负荷的方案，初步设想通过 ZXCQ 变电站升压改造，来满足 E 市区负荷增长的需求，同时可以缓解 TZ 变电站负荷压力。

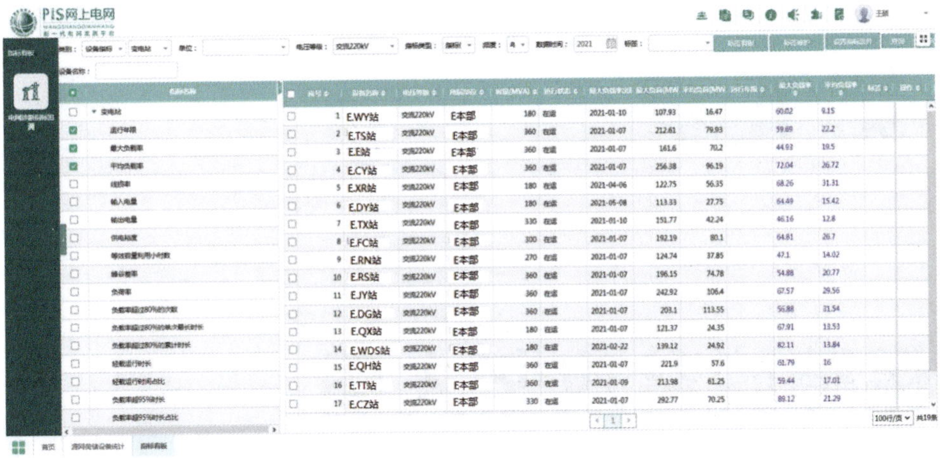

图 6 220kV 变电站负载率情况示意图

三、成效总结

本案例依托“网上电网”平台，利用“供电出力”“用电形势分析”“源网荷设备统计”“指标看板”等模块，高效便捷的对负荷、电量、电厂、设备情况进行了分析，直观地展现了 E 市电力生产经营情况，为 E 市经济活动分析提供了数据支撑。“网上电网”融合多个专业数据，真正实现了数据资源共享，极大地缩短了计算时间，提高了经济活动分析的准确性，提升了经济活动分析的质量，为 E 供电公司经济决策提供依据。

主要完成人：王 硕 吴 江 徐艳锦 王雨婷

第五章

保障脱贫攻坚大局

◎ **案例 1** D 供电公司《从“网上电网”看 K 县脱贫攻坚》

◎ **案例 2** B 供电公司《运用“网上电网”助力电制茶服务脱贫攻坚》

案例 1 针对 K 县“十三五”时期脱贫攻坚工作，使用“电网一张图”功能，查看 K 县概况，分析电力发展在脱贫中的作用；应用“断面整体运行”“功率叠加”等功能，剖析了 K 县农村能源“四化”转型的经验；通过“区域发用电量分析”功能，展现了电力脱贫如何服务群众，助推经济发展。结合脱贫后电力状况，依托农村能源革命试点，制定多项电力提升工程，纳入“网上电网”“十四五”规划库。本案例对开展县域新型电力系统构建与实践，促进“碳达峰、碳中和”目标实现具有典型示范意义。

案例 2 针对 B 市制茶业高峰期用电负荷情况，使用“电网一张图”“统计—自定义框选”等功能，监测出制茶超负荷台区的负荷情况并精确定位。应用“网上诊断分析”功能，剖析了 B 市 SHG 镇、DJH 镇、TJH 乡、SSLQ 乡等地区，在制茶高峰期，台区长期重载运行且存在短时超限的情况，综合提出了“应用‘网上电网’治理电制茶服务脱贫攻坚”加强方案，通过实时监测、管控、协同调整解决了 B 市制茶高峰期超负荷问题。

案例 1

从“网上电网”看 K 县脱贫攻坚

一、背景介绍

河南 K 县是 JYL 精神的发源地，是习近平总书记第二批党的群众路线教育实践活动联系点。K 县作为国家级贫困县，脱贫摘帽是国家和人民的期盼。通过“网上电网”“电网一张图”“同期电量监测”“规划项目库”等模块，可以直观展示出 K 县脱贫攻坚工作的成绩和成效，同时，为 K 县“十四五”发展建设做好有效支撑。

2002 年 K 县被确定为国家级贫困县。2017 年 3 月 27 日，K 县正式脱贫摘帽，成为全国第一批完成摘帽的两个县（市）之一。现在，K 县正在迈向建设 CDZ 工业走廊东部节点城市、D 市域东北部中心城市的新征程中，已成为河南省乡村振兴示范引领县。

经济发展，电力先行。D 供电公司始终把贫困地区电网建设作为脱贫攻坚战的主战场，聚焦电网发展短板，为人民群众生产生活和特色扶贫产业发展，提供充足可靠的电力供应，为决战决胜脱贫攻坚战保驾护航。

二、应用详情

（一）K 县脱贫的发展成效

K 县位于河南省东部，隶属 D 市。位于黄河九曲十八弯最后一道弯，历史上因“内涝、风沙、盐碱”三害肆虐而致贫。近年来，K 县社会经济发展迅速，基本形成了以木材加工、机械制造、纺纱、农副产品深加工为主的四大支柱产业，综合实力明显增强，经济结构逐步优化。

2016～2020 年，K 县 GDP 由 244 亿元提升至 372 亿元，较 2016 年同比增长 50%。2020 年，K 县常住人口 77 万人，城镇化率达到 47%，如图 1、图 2 所示。

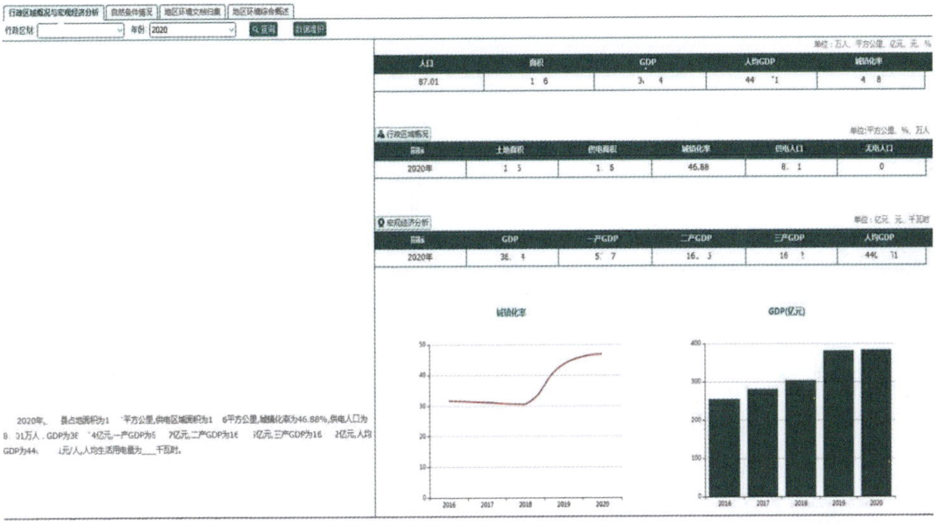

图 1 K 县 2020 年区域概况示意图

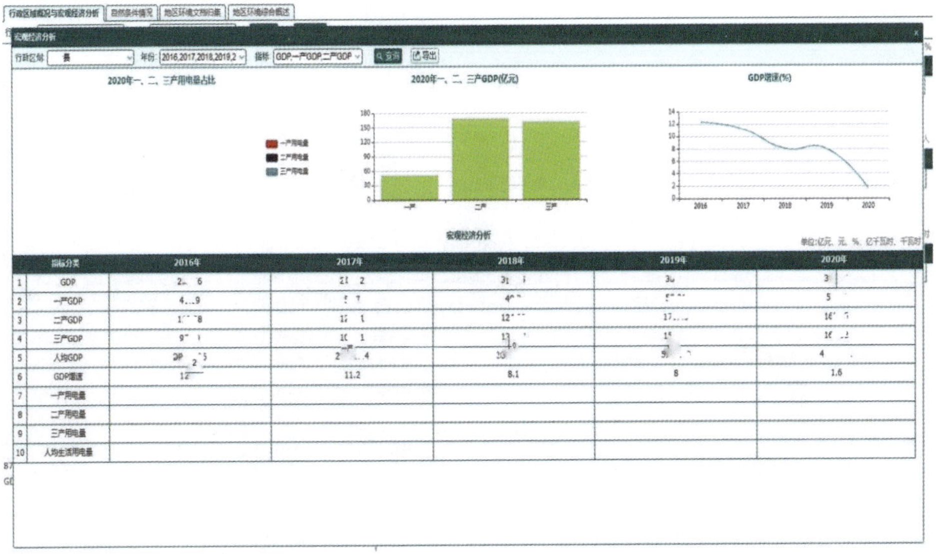

图 2 K 县 2016～2020 年 GDP 示意图

（二）电力发展在 K 县脱贫中的作用

1. K 县地区电力供应能力得到保障

K 县供电区目前共有 35kV 及以上变电站 21 座。其中，220kV 变电站 2 座、110kV 变电站 7 座、35kV 变电站 12 座，如图 3、图 4 所示。

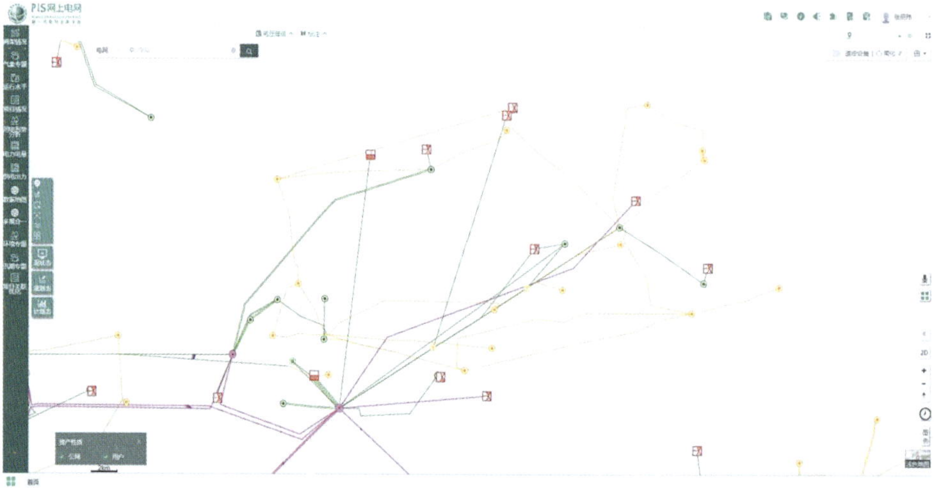

图 3　K 县供电区电网示意图

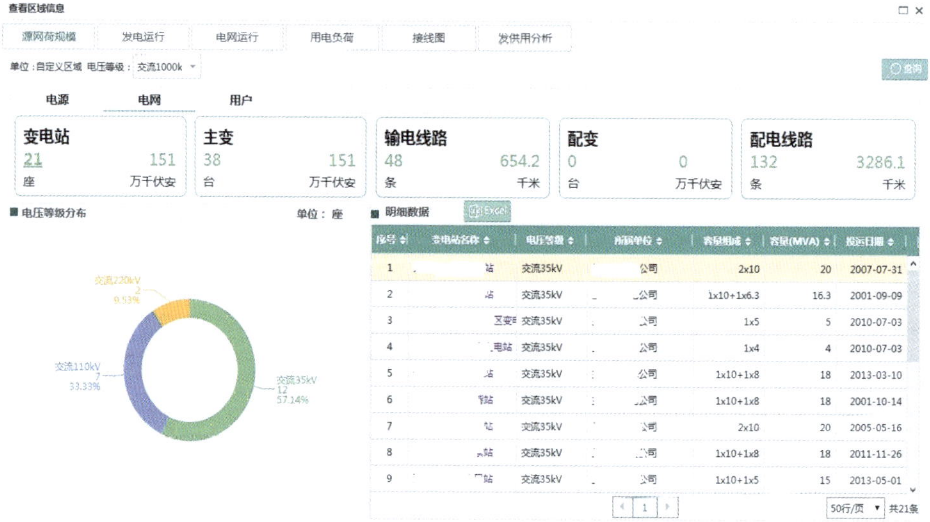

图 4　K 县供电区电网设备规模示意图

“十三五”期间，K 县供电区相继建成 35kV 及以上变电站 10 座，新增变电容量 90 万 kVA。220kV 容载比从 1.75 提升至 1.8，110kV 容载比从 1.7 提升至 2.09，35kV 容载比从 1.1 提升至 1.60，K 县地区整体电力供应能力得到保证，如图 5、图 6 所示。

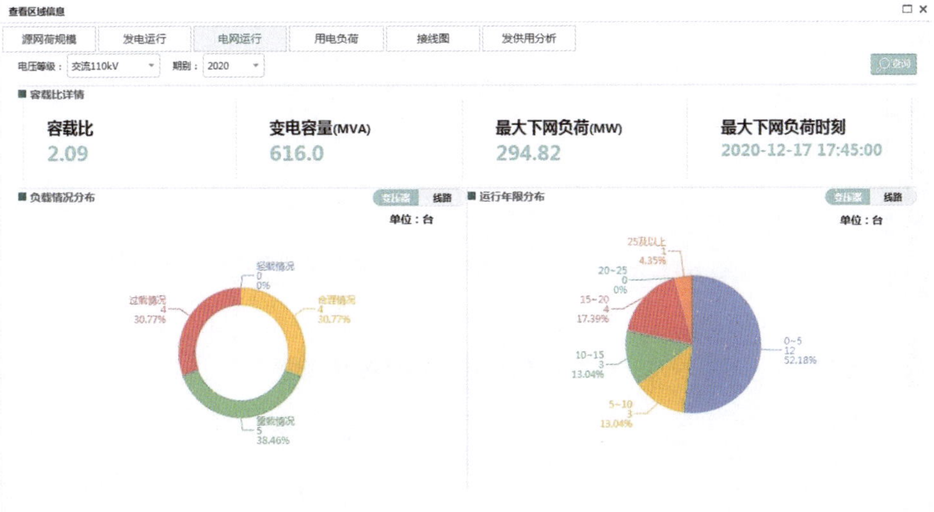

图 5　K 县供电区 2020 年 110kV 电网信息示意图

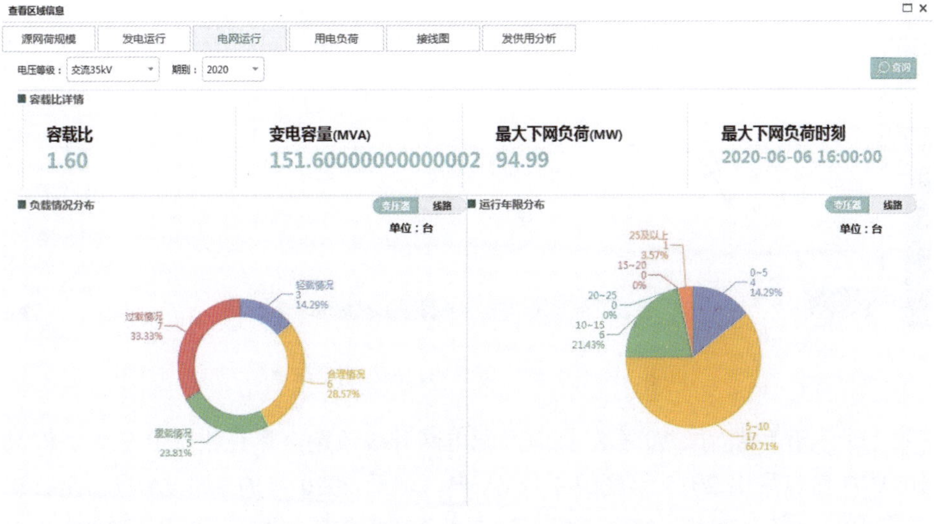

图 6　K 县供电区 2020 年 35kV 电网信息示意图

2. 大力发展 K 县电网，为脱贫攻坚奠定基础

通过“电网一张图”的历史追溯按钮，在时间轴变化中，可以直观地看到“十三五”期间及 2021 年 K 县网架各年的变化情况，如图 7、图 8 所示。

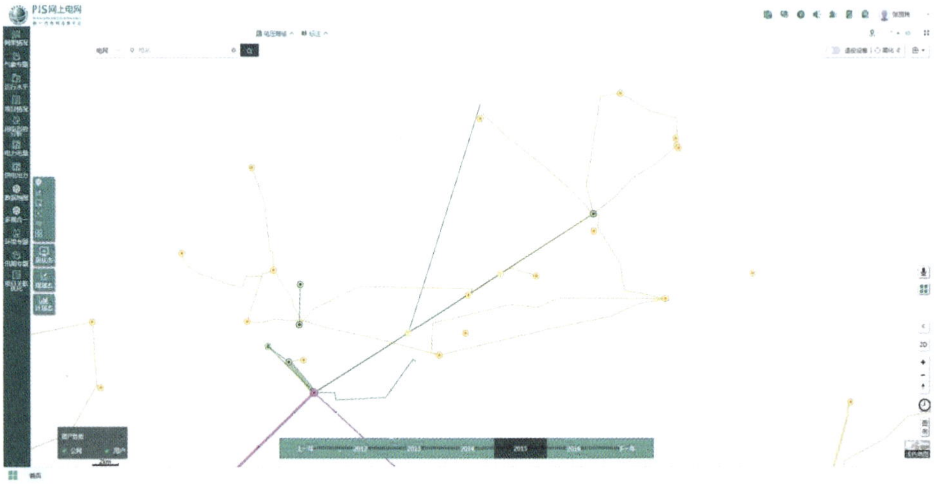

图 7　K 县供电区 2015 年电网接线示意图

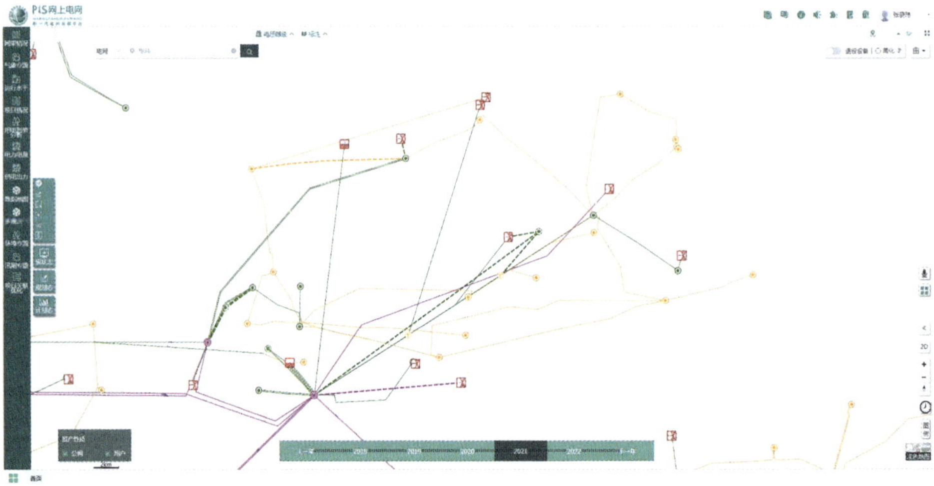

图 8　K 县供电区 2021 年电网接线示意图

“十三五”期间，加强 K 县地区配电网升级改造，累计投资 9 亿元。K 县 10kV 户均容量由 2015 年底的 1.1kVA/户，增至 2020 年的 2.5kVA/户，全县居民供电能力极大提高；综合电压合格率由 2015 年底 98.8%，提升至 2020 年底的 99.99%，停电时长逐年降低，供电可靠性显著提高，如图 9 所示。

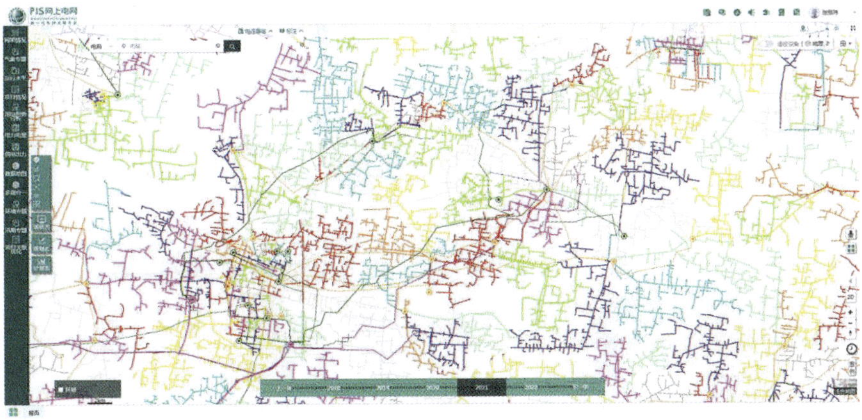

图 9 K 县供电区 10kV 接线示意图

（三）K 县农村能源革命示范成效

1. 挖掘农村能源价值，探索新型电网结构

2018 年 7 月，K 县正式获批，全国首个农村能源革命试点建设示范县。两年多来，国网河南省电力公司以建设 K 县农村能源互联网平台为载体，积极推动“四个革命”在县域落地，实现了 K 县农村能源“四化”转型。“网上电网”在供给革命方面提供有效数据支撑，为电力助推能源革命提供了经验。

截至 2020 年，K 县域生物质电厂 2 座、光伏电站 1 座、风电场 10 座，新能源装机容量达到 71 万 kW，如图 10 所示。2020 年，K 县可再生能源发电 11 亿 kW•h，占县域全社会用电量的 71%。截至 2021 年 6 月 K 县可再生能源发电 7.5 亿 kW•h，占县域全社会用电量的 97%，如图 11 所示。

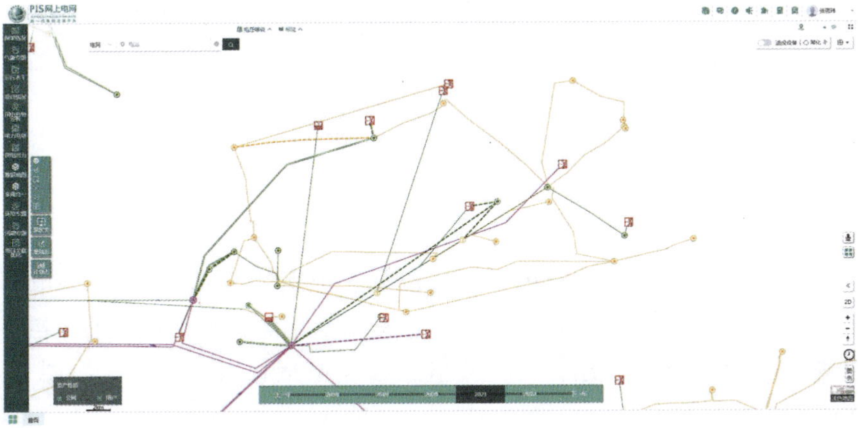

图 10 K 县新能源电厂分布示意图

图 11　K 县新能源电厂明细示意图

2. K 县农村能源革命成效显著，助力脱贫攻坚

2021 年 3 月 3 日，K 县最大用电负荷 26.2 万 kW，清洁能源最大出力 51.5 万 kW，在河南县域首次实现全天 24h 清洁能源供电。K 县农村能源革命示范建设初见成效，如图 12 所示。

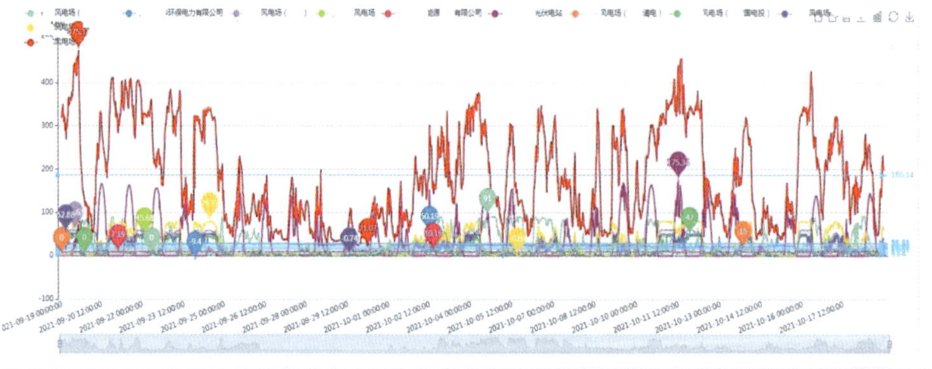

图 12　K 县新能源电厂负荷叠加示意图

在自定义区域中，可以快速掌握 K 县发电运行信息，以 TF 风电厂为例。该变电站装机容量 9.46 万 kW，是 K 县当地装机规模最大的风电场，可以进入“网上电网”查看其位置信息、发电量和出力情况，如图 13～图 15 所示。

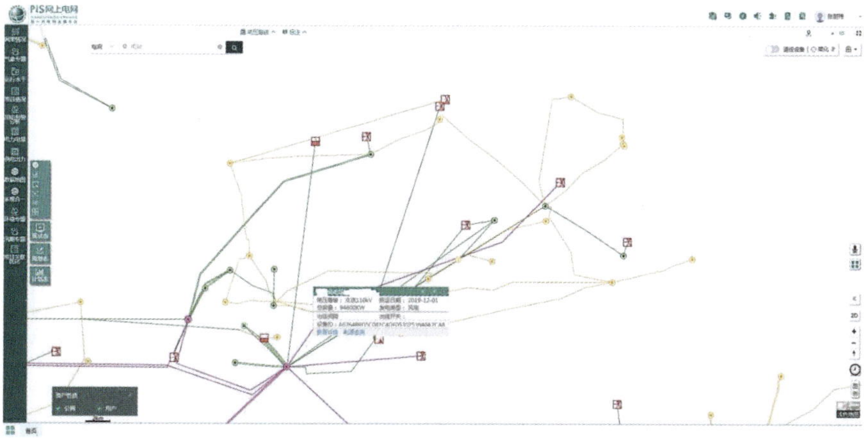

图 13 TF 风电厂位置示意图

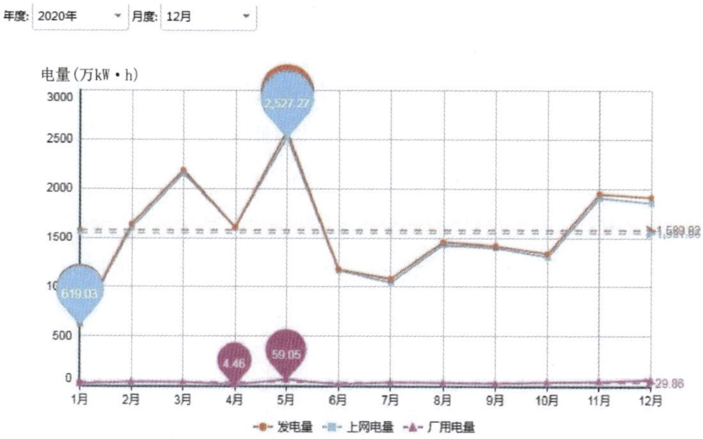

图 14 TF 风电场 2020 年月发电量示意图

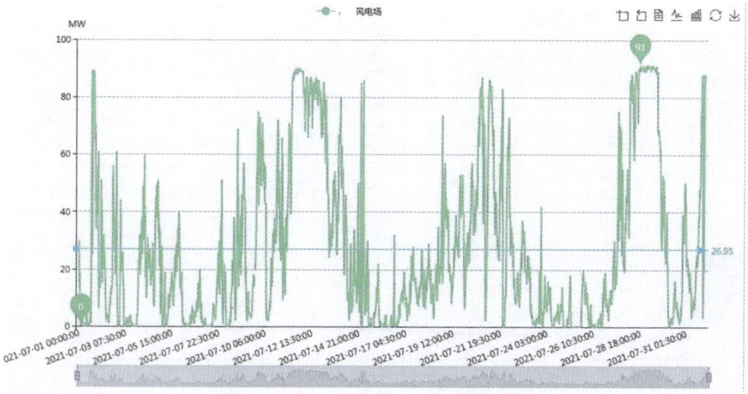

图 15 TF 风电场出力示意图

（四）电力脱贫服务群众，助推 K 县经济发展

1. 加强贫困村电网建设，主推经济发展

电力的提升也为“明星村”ZZ 村带来了发展。ZZ 村位于黄河岸边，曾是有名的大风口，也是当年 JYL 同志治理风沙的指挥部所在地。2014 年习近平总书记在 ZZ 村调研时，全村 711 户 2963 人中，建档立卡贫困户有 207 户 754 人，贫困发生率 25%，是远近闻名的贫困村。由于村内主要是照明用电，动力电需求低，因此，ZZ 村当时仅由 1 台 160kVA 的配电变压器供电。

近年来，随着农业经济和红色旅游的大力发展，ZZ 村用电量持续攀升，原有的供电设施已远不能满足用电需求。2017 年 K 县供电公司在 ZZ 村开展了 2 个集中式光伏项目，容量 137kW（106kW+31kW）。近 3 年来已累计结算电费约 12 万元。

2019 年对 ZZ 村实施煤改电工程，总投资 35.5 万元。户均容量由 2014 年的 0.5kVA，增至目前的 2.7kVA。目前，ZZ 村内电力设施健全，低压线路 20km，公用变压器 9 台，农排台区 11 台（发改委资产 1 台，公司资产 10 台），基本覆盖 3000 亩农田，每年可为 ZZ 村减少灌溉支出 26 万元。供电能力的提升不仅彻底解决了低电压问题，也为满足工厂建设、生产用电打下坚实基础，ZZ 村 10kV 线路接线图，如图 16 所示。

图 16　ZZ 村 10kV 接线示意图

2. 优化网架结构，辅助企业在线制定接入方案

以入驻 ZZ 村的 AJT 公司为例，该用户对电源要求极高，为了更好地扶贫农产品的生产，满足其恒温、恒湿、不间断电源的生产需求。

该厂建设初期，通过“网上电网”一张图，快速定位至用户所在位置，并查看周边线路情况。在综合考虑了距离、跨路、跨厂区、接入点困难程度等问题后，结合现场，分析 L2 板负荷情况。L2 板 2019 年最大负载率 37.7%。经系统数据论证，L2 板满足该厂用户的接入条件，最终选取了 L2 板 CS 线 GZ 南农排分支 13～19 号杆线路为电源接入点，如图 17 所示。K 县供电公司为其安装了 630kVA 和 200kVA 变压器各 1 台，架设 10kV 线路 600 多米，确保实现双电源供电，提高供电可靠性，解决低电压问题。

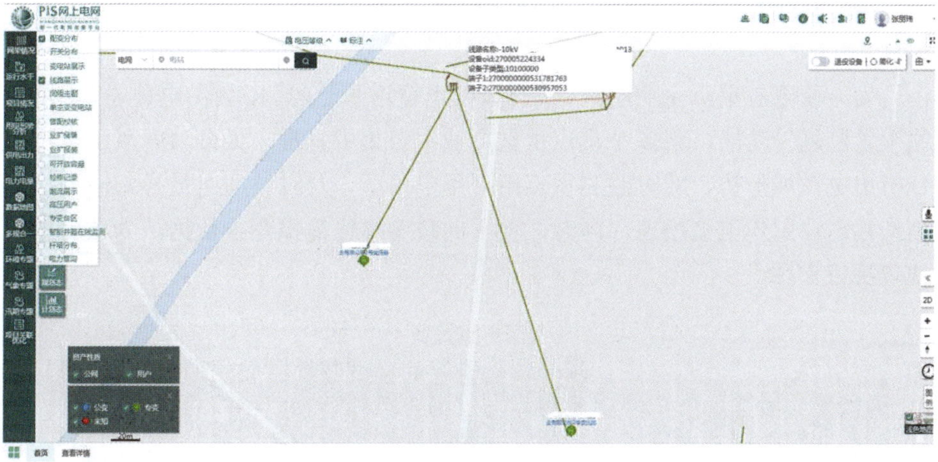

图 17　AJT 公司专用变压器及专线接线示意图

3. 依托同期电量监测，服务政企经济发展

为有效开展用电服务，K 县供电公司利用“同期电量监测”功能，定期查看 AJT 公司用电情况。通过查看发现在疫情平稳后，产业订单不断增加，用户电量呈递增形式。依据用户电量曲线增长图，得到 AJT 公司年用电量约为 646 万 kW·h，如图 18 所示，春季和夏季电量普遍较高，也意味着该厂产量较高。为满足厂区供电需求，K 县供电公司为该扶贫用户实行错峰用电方案，在满足用户用电需求的前提下，合理规划电力调度，确保供电可靠性。在度冬度夏期间，可进行未来用户电量发展情势预判，为局部负荷调整做好数据支撑。

在电力基础的保障中，该厂采用“龙头＋基地＋贫困户”的产业带贫模式，

带动就业300余人，并对符合条件的贫困户实行入股模式，使每年每户贫困户可实现固定收益1万元。通过土地流转方式带动23户贫困户增收，实现地区经济蓬勃发展，农民致富奔小康。

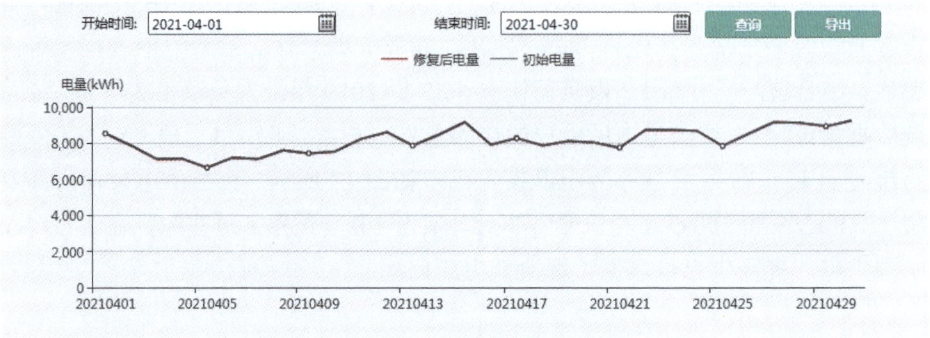

图18　行业用电AJT公司用电量示意图

为方便查看重点企业电量，及时研判电量增长趋势。K县供电公司利用“标签电量监测”功能，将多个重点扶贫产业用户集中管理，如图19所示。定期分析用电发展形势，随时监测重点用户用电情况，及时发现电量异常问题，预判扶贫产业用户电量增速。同时，便于向政府单位提报有关数据，为政府做好扶贫决策支撑。

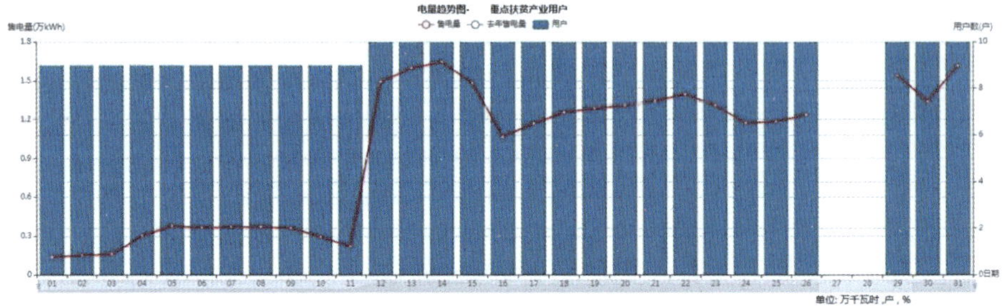

图19　K县重点扶贫企业用电示意图

（五）K县脱贫不脱责任，电网发展永不停歇

目前，K县已将“十四五”项目工程纳入项目规划库统一管理。通过规划可视化界面展示项目图形分布，随机选择项目，可查看基本信息和全过程信息，助力K县供电公司实现线上跟踪、线上分析、线上决策的全过程管控工作，如图20、图21所示。

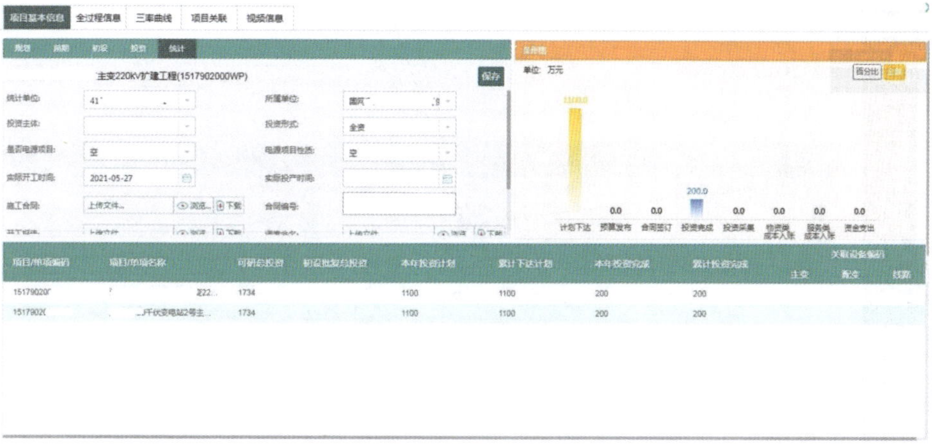

图 20　K 县供电区某规划项目基本信息示意图

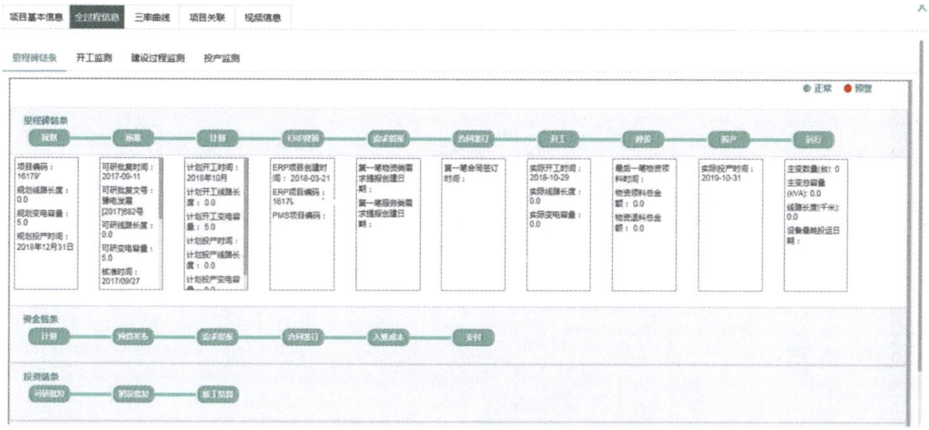

图 21　K 县供电区某规划项目全过程信息示意图

规划项目的具体信息都可以在“规划项目库”中进行查看，如图 22 所示。

2021 年乡村振兴号角已吹响，K 县供电公司将在“十四五”期间逐步优化电网结构，做好新能源并网消纳，提升区域电网供电能力。计划建成 220kV 变电站 1 座，110kV 变电站 3 座。通过中压线路改造及新增布点配出线路，使 10kV 供电半径逐年下降，预计 2025 年下降至 5.78km，较 2020 年 11.2km，同比下降 48.39%。通过电网优化，使供电可靠率达到 99.999%，较 2020 年 99.73%，增长 0.269%；综合电压合格率不低于 99.99%，较 2020 年 99%，增长 0.99%；K 县域地区户均配电变压器容量不低于 2.9，较 2020 年 2.53，提高 0.37，如图 23 所示。

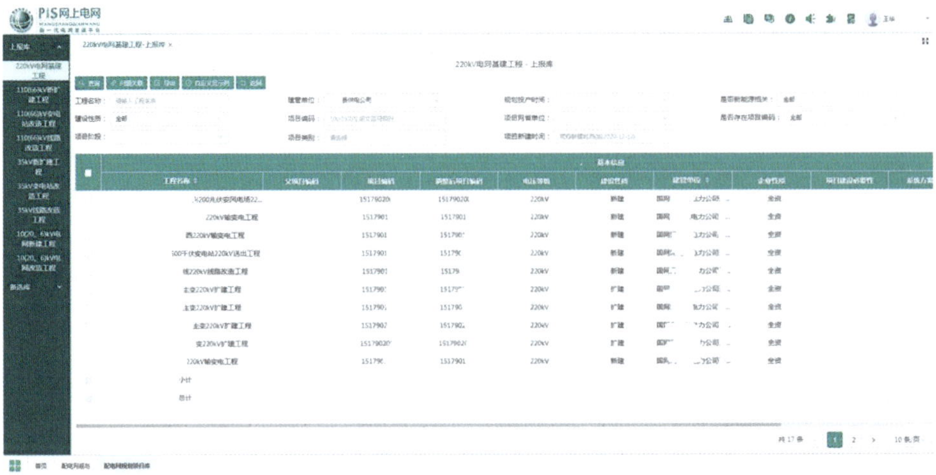

图 22　K 县供电区“十四五”规划项目明细示意图

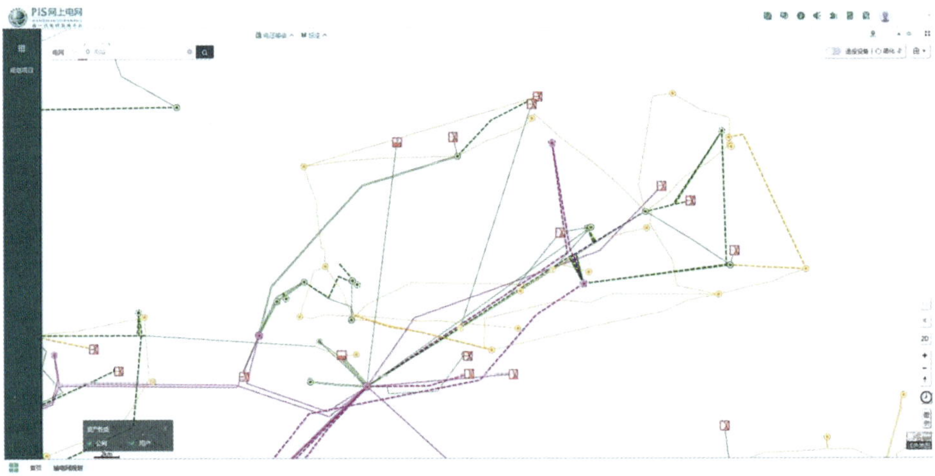

图 23　K 县供电区“十四五”规划态电网接线示意图

三、成效总结

通过“网上电网”系统，从源—网—荷—储发展的层面，利用电网一张图、电网规划、新能源发展、供电能力、负荷利用、电量发展及电力辅助业扩等模块，多个维度进行阐述。展示电力工作如何助力 K 县脱贫攻坚，以及 K 县电力扶贫工作取得的成效。在此应用期间，“网上电网”做到了“三实三化”的示范作用，取得了以下成效：一是建立了可视化一张图，助推公司科学规划。基于电网 GIS 平台服务，建立了“厂—站—线—变—户”关系贯通和网格化拓扑图，实现了“多规合一”，有效解决了电网发展建设难点，为 K 县脱贫攻坚电网建设打下基础、为“十四五”发展铺平了道路。二是实现资源共用共享，提升公司管理水平。依托“网上电网”多专业融合数据分析，为企业电力指数分析发挥作用，提高了统计数据的准确性、及时性和可读性。全方位支撑公司对数据报送工作，为政府开展经济发展决策提供有力支持。三是实现跨业务融合，优化公司营商环境。依托“网上电网”以“营—配—调—规”贯通、“投—建—运—调”融合为着力点，全面服务电网作业的各个流程，促进电网发展提质增效，极大地助力电力营商环境。为推动新技术引领能源互联网建设，实现在能源电力行业实用化，助力公司数字化转型夯实基础。

主要完成人：张丽玮　刘　平　杨跃武　胡江雪　李　昊

案例 2

运用“网上电网”助力电制茶服务脱贫攻坚

一、背景介绍

B 市茶叶主产地主要位于 B 市 SH 区 SHG 镇、DJH 镇、TJH 乡、SSLQ 乡等乡镇，共有制茶龙头企业 23 家，中小型企业 74 家，约 7100 余户茶农散户。近年来，B 市茶产业发展迅速壮大，成为当地优质特色产业，有利带动了贫困群众脱贫摘帽奔小康。每年 3～4 月茶季来临，受制茶电气化设备普及，且不断增多影响，区域用电负荷持续快速增长，供电运行压力越来越大。为了保障制茶安全可靠供电，B 供电公司利用“网上电网”系统，查看茶叶产区内电网设备情况，发现局部供电能力不足问题，制定具体应对措施，助力电制茶发展。

二、应用详情

1. “电网一张图”查找问题设备

在“网上电网”系统中，使用“电网一张图、统计—自定义区域框选”功能，可以查看 SHG 镇、DJH 镇、TJH 乡、SSLQ 乡等，供电区域的电网设备具体情况。将上述茶叶产区全部框选后，点击“保存自定义区域信息”便于后续调用。

框选上述供电区域后，在“源网荷信息”界面中，点击“查看详情”，可快速统计呈现区域内电网设备规模（见图 1）。目前，框选供电区域内共有 35kV 变电站 4 座，配电变压器台区 544 台，10kV 线路 12 条。

图 1　框选区域电网设备信息示意图

2. “网上诊断分析”实时监测跟踪

为了监测茶叶产区电网运行情况，使用“网上诊断分析”功能，对 2020 年 4 月的电网“设备负载率”进行监测，发现 35kV ZW 变电站存在主变压器重载问题（见图 2）。

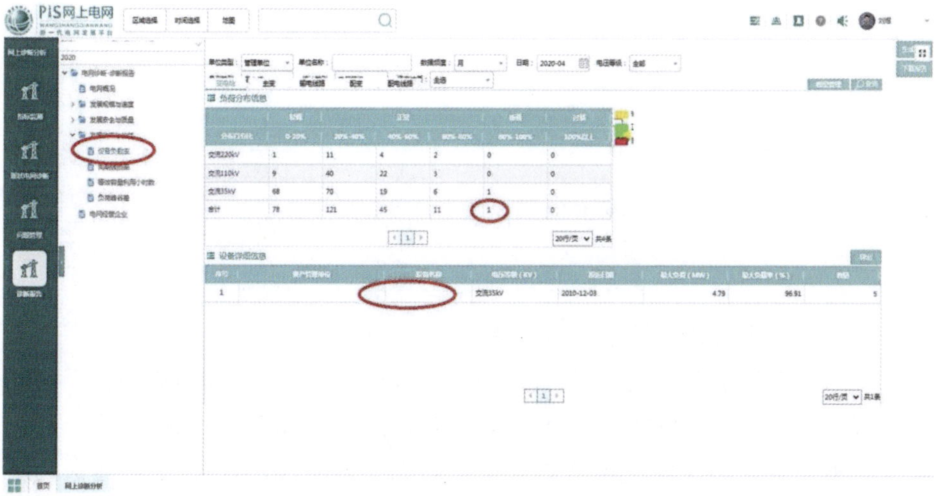

图 2　设备负载率监测情况示意图

通过点击框选区域内的“变电站名称”按钮，进入相关变电站信息界面。调取 2019 年、2020 年 4 月份 35kV ZW 变电站 1 号主变压器负荷曲线（见图 3）。发现 2019 年 4 月份最高峰值达到 3.2MW，且持续时间较长。2020 年 4 月份出现重载，最高峰值达到 4.5MW，最大负载率 95%，同比增长率 41%。

因 2020 年 4 月份中下旬持续降雨，受天气影响，导致用电负荷未有效释放。综合考虑茶叶产区电制茶设备增多、天气、历史用电负荷增长等因素，预测 2021 年 ZW 变电站主变压器将出现过载，且最大负荷持续时间较长。

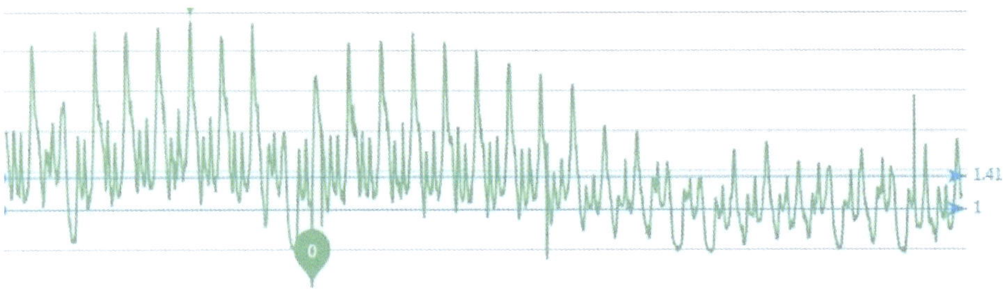

（a）ZW 变电站 2019 年 4 月份负荷曲线示意图

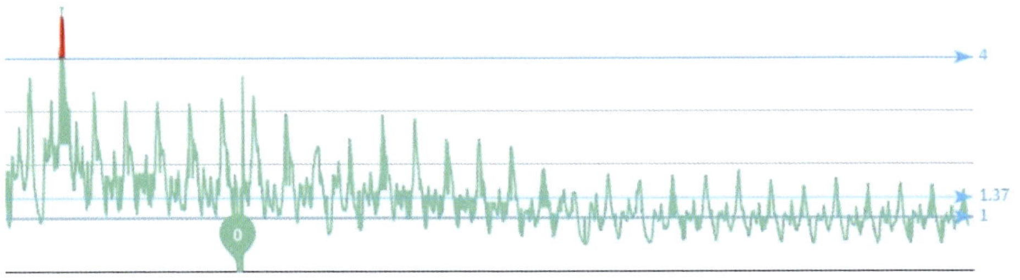

（b）ZW 变电站 2020 年 4 月份负荷曲线示意图

图 3　ZW 变电站负荷曲线示意图

3. 结合负载分析、卫星监测，确定问题所在

通过“源网荷设备统计—统计分析—负载分析”功能，可以筛选出，茶叶产区 2020 年 4 月份 10kV 配电台区运行情况，发现重载配电台区 26 台，过载配电台区 33 台。以 ZW 变电站中 1 板 XW 线所属 SH 港 HJ 冲 XCG 台区为例（见图 4）。

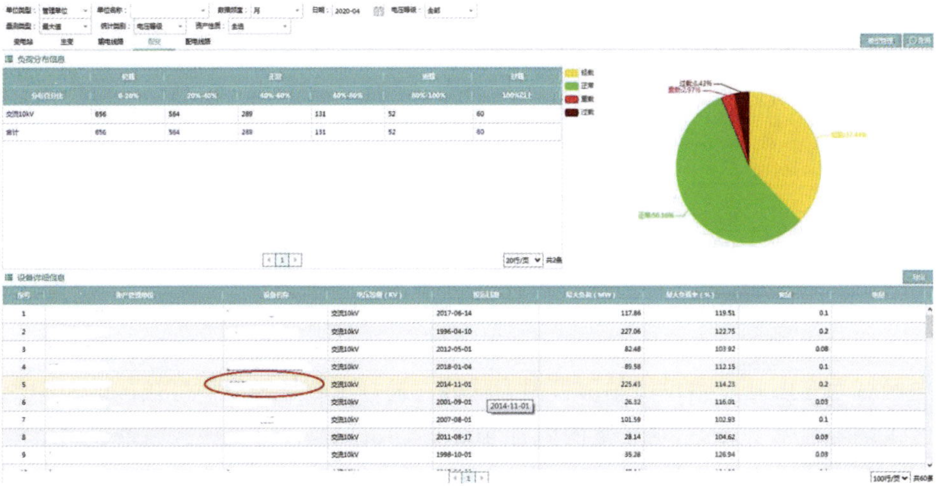

图 4　配电变压器台区重载情况示意图

通过“电网一张图”功能，对 SH 港 HJ 冲 XCG 台区配电变压器设备进行定位查询，“查看详情”对设备负荷进行分析。该配电变压器容量为 200kVA，在 2020 年 4 月 2 日最高峰值达到 220kW，从 4 月 2～11 日均出现过载情况（见图 5）。

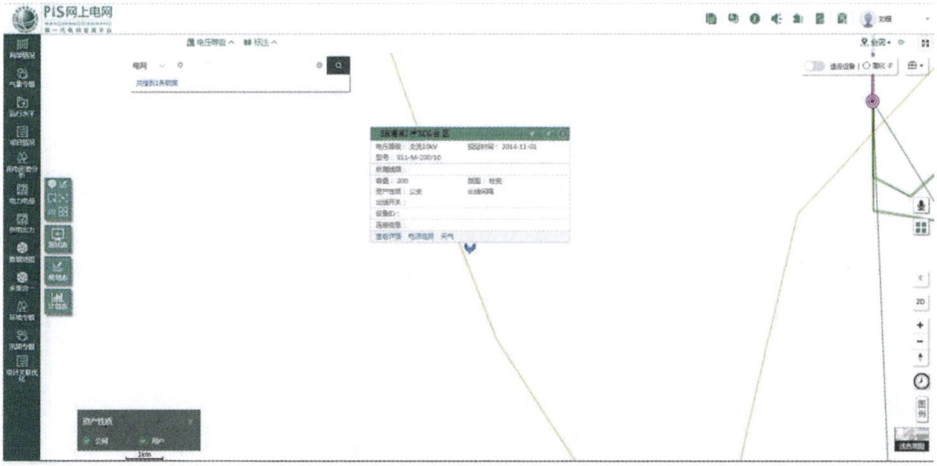

（a）“电网一张图”定位 XCG 台区示意图

图 5　定位查询和查询路径及负荷示意图（一）

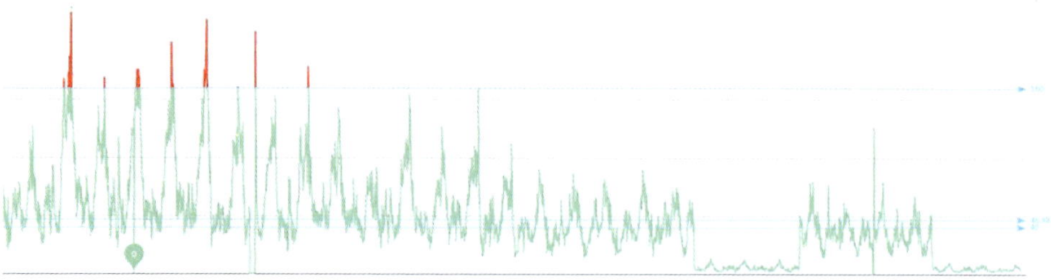

（b）SH 港 HJ 冲 XCG 台区配电变压器设备查询路径及负荷示意图

图 5　定位查询和查询路径及负荷示意图（二）

同时，结合"卫星影像图"，可以直观、便捷地看出，该配变台区主要供电区域为 YJL 庄；借助"图形管理"功能，进行"测量长度"可知，该配变台区供电半径为 200m。这个范围内有 108 户炒茶用户，可见该区域茶户比较集中。同时结合"负荷曲线"可以看出，该配电变压器过载次数较多，影响茶农正常制茶，所以需要考虑增容改造。

三、解决措施

针对 35kV ZW 变电站重载问题。2021 年 3 月，通过运维主变压器轮换，临时并运一台 6.3MVA 变压器，以解决电制茶高峰期主变压器重载情况，提高茶叶产区供电能力。为满足未来 5 年负荷增长需求，在"十四五"电网规划中，考虑 ZW 变电站 2 号主变压器扩建工程是十分必要的，因此，将该工程列入"网上电网"220kV 及以下电网项目库（见图 6）。目前，ZW 变电站扩建工程，已列入 2021 年度投资计划安排，2021 年底投产建成后，新增 1 台 10MVA 变压器，彻底解决 ZW 变电站重载问题。

针对 SH 港 HJ 冲 XCG 台区配电变压器设备重载问题。2021 年 3 月，通过运维主变压器轮换，临时并运一台 200kVA 变压器，以解决电制茶高峰期主变压器重载情况，提高茶叶产区供电能力。为满足未来 5 年负荷增长需求，在"十四五"电网规划中，考虑 SH 港 HJ 冲 XCG 台区，配电变压器设备扩建工程是十分必要的，因此，将该工程列入"网上电网"10kV 电网改造工程项目库（见图 7）。目前，SH 港 HJ 冲 XCG 台区扩建工程，已列入 2021 年度投资计划安排，2021 年底投产建成后，容量达到 400kVA，彻底解决 SH 港 HJ 冲 XCG 台区重载问题。

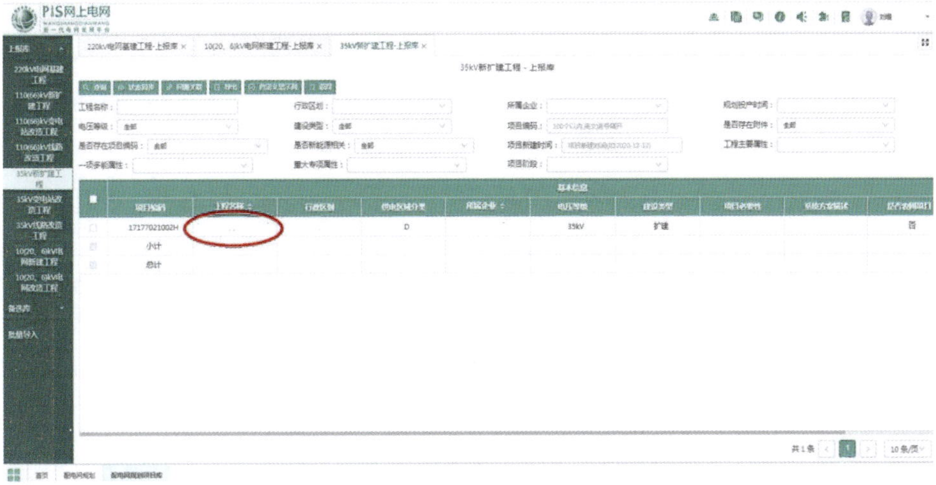

图 6　220kV 及以下电网项目库示意图

通过“网上电网”系统，对 ZW 变电站的持续监测，为投资计划安排、电网建设和精准投资打下基础。

图 7　10kV 电网改造工程项目库示意图

四、成效总结

本案例依托“网上电网”平台，便捷进行“区域源网荷信息查询”“设备负载分析”“供电半径测量”等工作，直观地获取和展现茶叶产区运行数据、最大功率、最大功率出现时段等信息，高效支撑“网上电网”助力电制茶方案的必要性研究。本案例对于研究分析电制茶、煤改电、机井通电等领域方面问题，具有广泛参考价值，可有效提升工作效率和智能规划支撑水平。

主要完成人：刘　锴　王克谦　武　念　邹峰恩

第六章

提升应急保障能力

◎ **案例 1**　国网河南省电力公司《依托"网上电网"全方位辅助抢险救灾及灾后重建》

◎ **案例 2**　X 供电公司《依托"网上电网"开展 X 市特大暴风雨应急抢险工作》

案例 1 针对河南遭遇"21 • 7"极端强降雨灾害，辅助抢险救灾及灾后重建业务。利用"源网荷统计"功能，将雨区同步到"网上电网"一张图区域，统计重点防汛变电站，便于快速锁定停电区域，缩短现场核实时间，优化调度抢修队伍调配，有效统筹现场防汛力量。辅以"配变查询"功能，精准定位配电变压器位置，迅速确定临时接入方案，全面应用配电网规划项目库，以及线上形式开展评审，为灾后重建节约了大量时间。本案例对电网抗灾具有典型示范意义。

案例 2 针对制订应急抢险方案，应用"网上电网"，第一时间全景获悉"图数一体"数据；创新业务模式真正实现以"数据多计算、人员少跑路"，支撑应急抢修方案制订；利用"网上电网"，为 X 市应对极端恶劣天气的科学规划建设，提升坚强智能电网水平，提供了数字技术支撑。

案例 1

依托“网上电网”全方位辅助抢险救灾及灾后重建

一、背景介绍

2021 年 7 月，河南遭遇“21 • 7”极端强降雨灾害，自 19 日 08 时～20 日 08 时，河南省内有 794 个变电站区域存在大暴雨，C 市、D 市、O 市、X 市、F 市等多地，出现历史同期首次特大暴雨。在历史罕见暴雨的影响下，河南地区电网遭受了巨大的损失。国网河南省电力公司依托“网上电网”系统，在抗洪救灾，供电抢修、灾后重建等方面，发挥了巨大作用，形成了一系列成效显著、操作性强、可供复制的应用案例。

二、应用详情

（一）“网上电网”辅助防汛与抢修指挥

自 7 月 19 日发布暴雨预警，各地市供电公司在国网河南省电力公司的指挥下，迅速成立地市防汛指挥部。“网上电网”作为电网可视化、电网信息化集成平台，在防汛调度指挥、争取抢修时间、尽早恢复供电等方面，发挥了强大的辅助支撑作用。

1. 动态雨区与电网地图结合，生成重点防汛站点

C 供电公司防汛与抢修指挥部，跟踪气象部门实时发布的强降雨范围，利用“源网荷统计”功能，同步到“电网一张图”区域，统计重点防汛变电站，

有效调度现场防汛力量。

根据“源网荷统计”结果，暴雨区范围内变电站 122 座（含 500kV 变电站 3 座），以此生成重点防汛清单，如图 1 所示。针对清单中处于低洼地段的变电站，特别是 500kV C 变电站，集中物资开展变电站防汛工作。

图 1　C 市地区重点防汛清单示意图

2. 快速锁定停电区域，缩短现场核实时间

C 供电公司防汛与抢修指挥部，在暴雨灾害发生后，第一时间利用“电网一张图”功能，结合 10kV 线路停运信息，迅速确定了 479 条配电线路停电范围，以及受影响小区。以 ZY 变电站 Z37 板为例，20 日 17:00 跳闸，通过“电网一张图”功能，可查询到该配电线路所在区域，如图 2 所示。

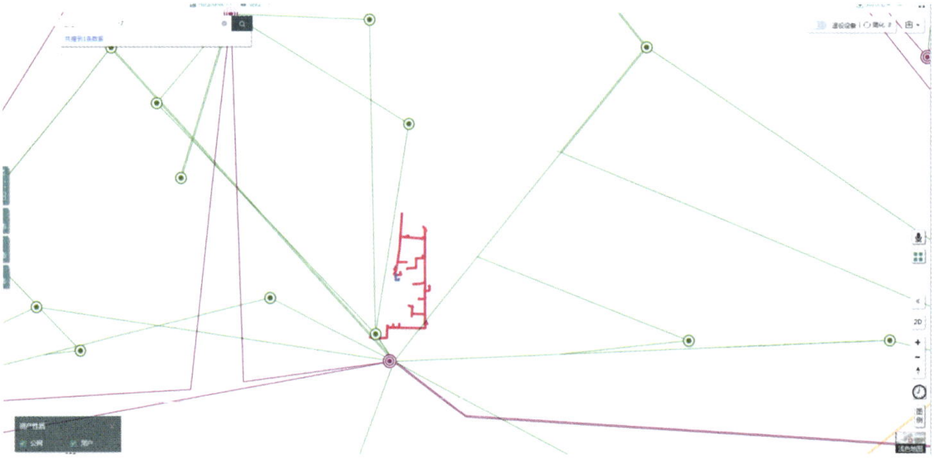

图 2　Z37 板配电线路示意图

通过“智能看板”，确定了受影响停运台区与停电小区，如图 3 所示。

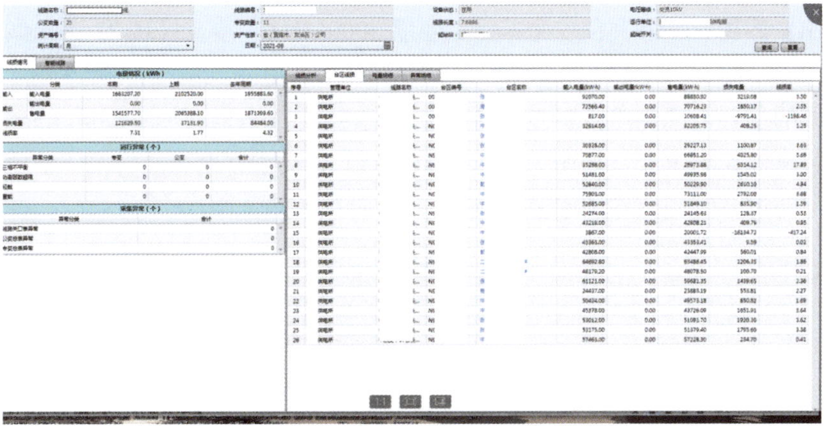

图 3 Z37 板下变压器明细示意图

利用此办法，初步锁定了停电小区 1100 余个，其中，200 户以上小区 473 个，大大减少了抢修人员现场核实工作，针对性开展现场安抚用户工作，为抢修工作节约了宝贵的时间。

3. 优化调度抢修队伍调配，提升调度效率

国网河南省电力公司防汛与抢修指挥部，组织各地市供电单位，开展机动制防汛抢修调度工作，确保第一时间对重点受灾地区开展现场救援，保证受灾地区电网的安全运行。

在主网防汛抢修中，7 月 21 日凌晨 1 点，国网 K 县供电公司临危受命，立刻组建 12 人次抢险救灾小分队，带着防汛物资连夜赶往 C 市 M 县 GD 变电站。通过“网上电网”系统，K 县支援队伍快速精准定位 GD 变电站位置，该变电站位于 HN 省 C 市 M 县 LJ 乡 DW 村，如图 4 所示。

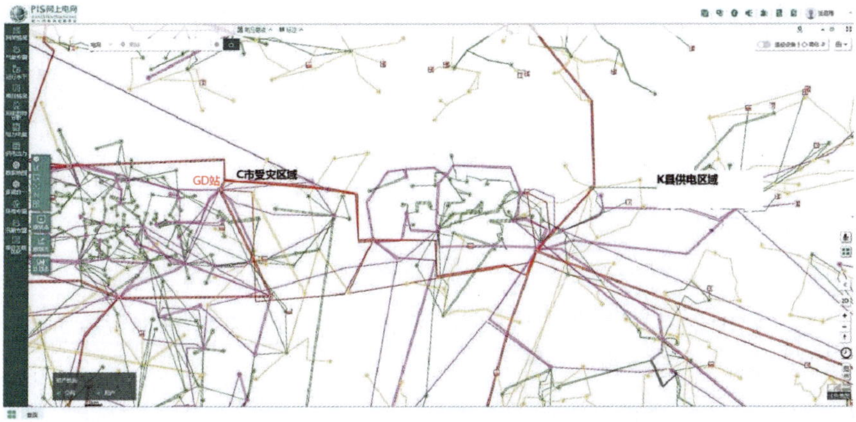

图 4 C 市 500kV GD 变电站地区位置示意图

GD 变电站共计 3 台主变压器，容量 3000MVA，涉及线路 22 条，线路长度 598km，对上与 ZZ 换流站相接，与 3 座 500kV 变电站互联，对下是 8 座 220kV 变电站的主要电源供电点，是 M 县、C 市东部及 D 市西部的重要电源联络点，供电可靠性尤为重要，如图 5、图 6 所示。但 M 县强降雨持续升高，变电站南侧紧邻河道，时刻存在河水外泄风险。

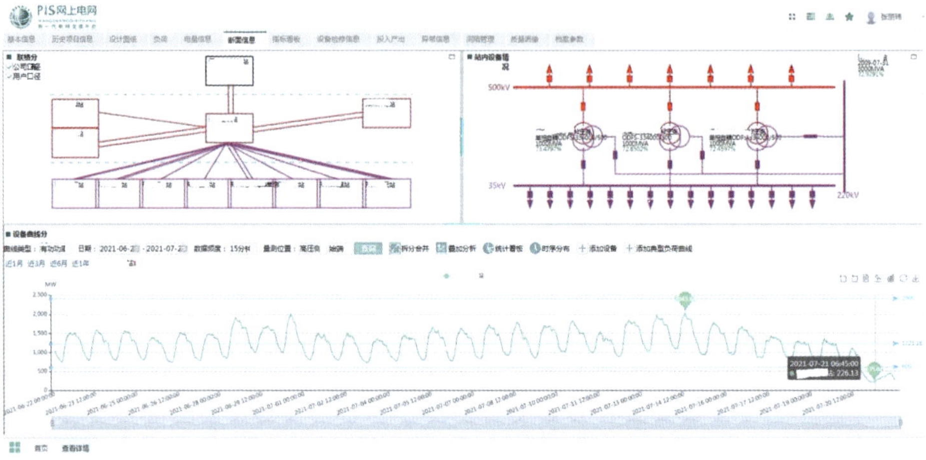

图 5　C 市 500kV GD 变电站断面信息示意图

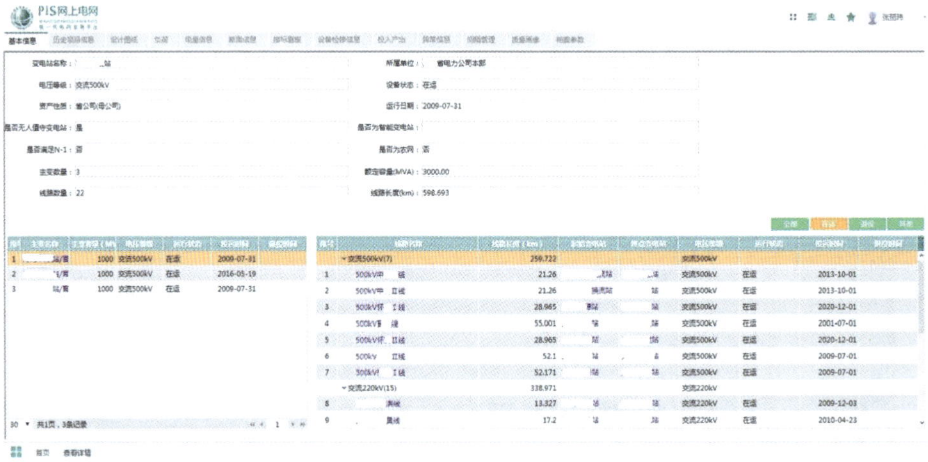

图 6　C 市 500kV GD 变电站基本信息示意图

借助“网上电网”查看设备信息，进行准确定位，为 K 县支援队伍节省大量工作准备时间，迅速投入工作状态，直至 24 日，历时四天三夜的防汛工作全部完成。

在配电网防汛抢修中，自7月22日起，来自全国25家网省电力公司，12000余人的抢修支援队伍陆续抵达C市。针对救援人员对配电网设施位置不清楚、现场引导力量不足、抢修开展速度缓慢等问题。国网河南省电力公司防汛指挥部，依托“网上电网”系统“配变查询”功能，精准定位配电变压器位置，使救援人员直接赶赴现场开展勘察等工作，为受灾居民尽早复电争取了时间。例如湖水倒灌的DH小区，救援人员利用精准定位，直接锁定配电变压器位置，迅速开展抢修。

4. 辅助在线制订临时供电方案

因降雨造成了多数地下配电室受淹损毁，需在地面重新设立临时开闭所、变压器，在线制定临时供电方案。以ZSCXY小区供电抢修为例，该小区位处JG路沿线，地下室遭洪水浸泡，配电设备损毁严重。C供电公司在组织发电车接入抽水的同时，在地面架设1台临时环网柜，5台共计6250kVA的临时变压器。借助“网上电网”系统，查看该小区附近配线，寻找临时方案接入点。

在综合考虑了距离、跨路、接入点困难程度等问题后，选择距离最近的D39板。通过查看线路负荷情况，2020年D39最大负载率61.83%，2021年7月最大负载率69.4%，如图7所示。根据系统数据计算，D39板满足6250kVA的接入条件。最终选取了D39板D庄N11～9号杆线路为电源接入点。

图7 负载率曲线示意图

本次抢险工作中，依托“网上电网”系统，不但做到现场同步施工，而且迅速确定临时接入方案，为实施抢修节省了大量时间。

5. 依托同期电量监测，服务政府抢险救灾，监测抢修进度

暴雨期间，全省负荷骤降，多地电量均出现异常。K县作为习近平总书记的联络点，一直备受政府及国网河南省电力公司的关注。在C市受灾的同时，K县地区也面临着前所未有的暴雨挑战。7月20日K县地区当日电量514万kW·h，环比下降了9.86%。其中，第一产业环比下降11.13%、第二产业环比下降1.06%、第三产业下降19.05%，各产业均不同程度受到影响，如图8所示。

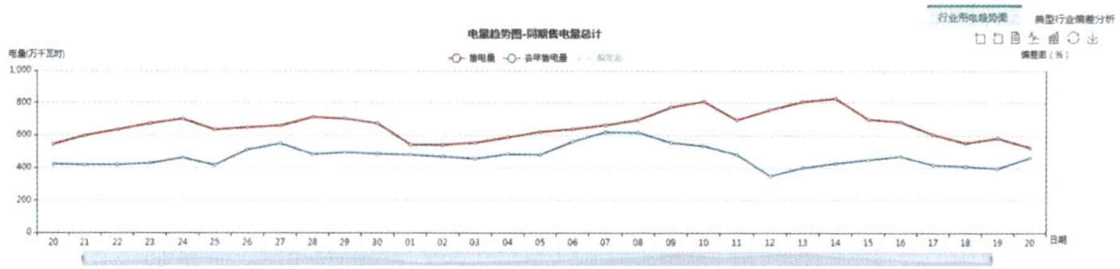

图 8　K 县 7 月 20 日行业电量示意图

K 县供电公司通过电量监测系统，校核电量变化较大的用户或台区，如图 9 所示。将数据分类归纳，分别交由供电所和运维单位，动员各基层单位人员，现场积极勘察受灾情况，加强雨季用电安全宣传，同时为用户恢复正常用电，抢修受灾设备。

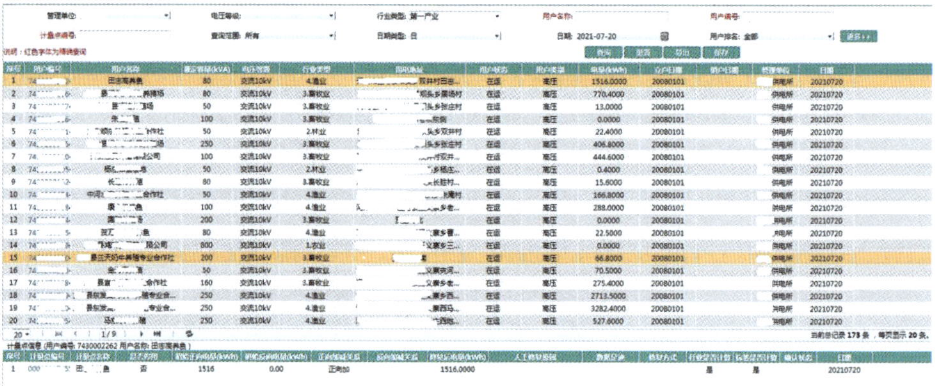

管理单位：　电压等级：　行业类型：第一产业　用户名称：　用户编号：

计量点编号：　查询范围：所有　日期类型：日　日期：2021-07-20　用户排名：全部

说明：红色字体为精确查询

序号	用户编号	用户名称	合同容量(kVA)	电压等级	行业类型	用电地址	用户状态	用户类型	电量(kWh)	立户日期	销户日期	管理单位	日期
1	[illegible]	田志高养鱼	80	交流10kV	4.渔业	[illegible]	在运	高压	1516.0000	20080101		供电所	20210720
2	[illegible]	[illegible]	80	交流10kV	3.畜牧业	[illegible]	在运	高压	770.4000	20080101		供电所	20210720
3	[illegible]	[illegible]	50	交流10kV	3.畜牧业	[illegible]	在运	高压	13.0000	20080101		供电所	20210720
4	[illegible]	[illegible]	100	交流10kV	3.畜牧业	[illegible]	在运	高压	0.0000	20080101		供电所	20210720
5	[illegible]	[illegible]	50	交流10kV	2.林业	[illegible]	在运	高压	22.4000	20080101		供电所	20210720
6	[illegible]	[illegible]	250	交流10kV	3.畜牧业	[illegible]	在运	高压	406.8000	20080101		供电所	20210720
7	[illegible]	[illegible]	100	交流10kV	3.畜牧业	[illegible]	在运	高压	444.6000	20080101		供电所	20210720
8	[illegible]	[illegible]	50	交流10kV	2.林业	[illegible]	在运	高压	0.4000	20080101		供电所	20210720
9	[illegible]	[illegible]	80	交流10kV	3.畜牧业	[illegible]	在运	高压	15.6000	20080101		供电所	20210720
10	[illegible]	[illegible]	50	交流10kV	4.渔业	[illegible]	在运	高压	166.8000	20080101		供电所	20210720
11	[illegible]	[illegible]	100	交流10kV	4.渔业	[illegible]	在运	高压	288.0000	20080101		供电所	20210720
12	[illegible]	[illegible]	200	交流10kV	3.畜牧业	[illegible]	在运	高压	0.0000	20080101		供电所	20210720
13	[illegible]	[illegible]	80	交流10kV	4.渔业	[illegible]	在运	高压	22.5000	20080101		供电所	20210720
14	[illegible]	[illegible]	800	交流10kV	1.农业	[illegible]	在运	高压	0.0000	20080101		供电所	20210720
15	[illegible]	县三天奶牛养殖专业合作社	200	交流10kV	3.畜牧业	[illegible]	在运	高压	66.8000	20080101		供电所	20210720
16	[illegible]	[illegible]	50	交流10kV	3.畜牧业	[illegible]	在运	高压	70.5000	20080101		供电所	20210720
17	[illegible]	[illegible]	160	交流10kV	3.畜牧业	[illegible]	在运	高压	275.4000	20080101		供电所	20210720
18	[illegible]	[illegible]	250	交流10kV	4.渔业	[illegible]	在运	高压	2713.5000	20080101		供电所	20210720
19	[illegible]	[illegible]	250	交流10kV	4.渔业	[illegible]	在运	高压	3282.4000	20080101		供电所	20210720
20	[illegible]	[illegible]	250	交流10kV	4.渔业	[illegible]	在运	高压	527.6000	20080101		供电所	20210720

20　1/9　当前总记录 173 条，每页显示 20 条。

计量点信息（用户编号：7430002262 用户名称：田志高养鱼）

序号	计量点编号	计量点名称	[illegible]	[illegible]	[illegible]	[illegible]	[illegible]	[illegible]	人工修改原因	数据说明	修改方式	行业是否计算	标签是否计算	确认状态	日期
1	[illegible]	[illegible]	否	1516	0.00	正向加		1516.0000				是	是		20210720

图 9　部分用户明细示意图

通过“分标签电量监测”功能，如图 10、图 11 所示，持续关注重点扶贫用户，及时了解用户现场用电及受灾情况，确保用户正常用电。同时，在第一时间将收集到的一线准确数据报送政府有关部门，为政府抢险救灾工作提供数据支撑。

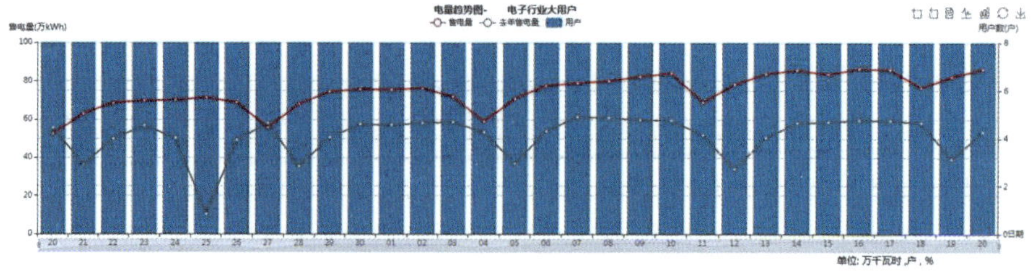

图 10　分标签电量明细示意图

图 11　扶贫用户明细示意图

除了用户电量监测之外，还可以监测配电网抢修整体情况。在配电网抢修工作逐步推进中，K 县供电公司在第一时间应急抢险，以高效的工作质量确保县域电量快速提高，提升灾后发展速度。从售电量趋势上可以直观展现受灾及恢复情况。在 7 月 13～14 日，K 县地区受高温影响，单日售电量达 805 万 kW • h。15～18 日气温回落，日售电量回落至 531 万 kW • h。自 19～21 日，K 县地区虽未像 C 市地区降雨大，但电量也受暴雨影响，低跌至 465 万 kW • h。其中，电气化铁路运输业、充换电服务业、交通运输仓储和邮政业、玻璃制造业、汽车制造业及农林牧渔业等受灾较重，环比下降均超过 30%。批发零售业、居民用电、房地产业、住宿和餐饮业等，环比下降均超过 15%。21～27 日，K 县电网基本恢复正常水平，日售电量 612 万 kW • h。根据售电量下降情况，K 县供电公司在 7 月 20～26 日期间损失售电量约 900 万 kW • h，如图 12 所示，借助此功能，有效地评估了降雨影响。

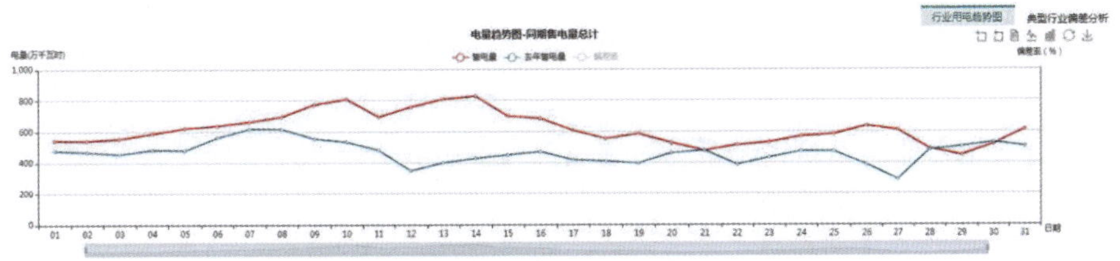

图 12　K 县域电量受灾及恢复情况示意图

（二）灾后重建与 C 市电网防洪能力提升

1. “网上电网”辅助灾后重建

“21·7”暴雨灾害主要对河南地区配电网造成了严重损害，各地市供电公司，在国网河南省电力公司的组织下迅速行动，编制“21·7”灾害重建项目计划。对过水设备更换、临时方案转正式方案、倒杆断线修复等配电网项目开展谋划，录入“十四五”配电网规划项目库，以线上形势开展评审，并通过“10kV 可研信息管理”功能，上传可研及初设技术方案，如图 13 所示。

图 13　灾后重建项目可研管理示意图

2. “网上电网”辅助防洪能力提升规划

深刻吸取“21·7”暴雨灾害教训，C 供电公司启动防汛能力提升研究，利用“网上电网”，对 CZ、JG 水库泄洪区范围进行统计，可以看到范围内 220kV 变电站 2 座，如图 14 所示。其中，220kV XZ 变电站位于泄洪区中心，现场实际站址位于低洼地段，受洪涝影响严重。

查看 XZ 变电站基本情况，主变压器 2 台，220kV 出线 7 条，110kV 出线 12 条。

查看 XZ 变电站负荷情况，如图 15、图 16 所示，XZ 变电站在 2020 年、2021 年都处于高负荷情况。

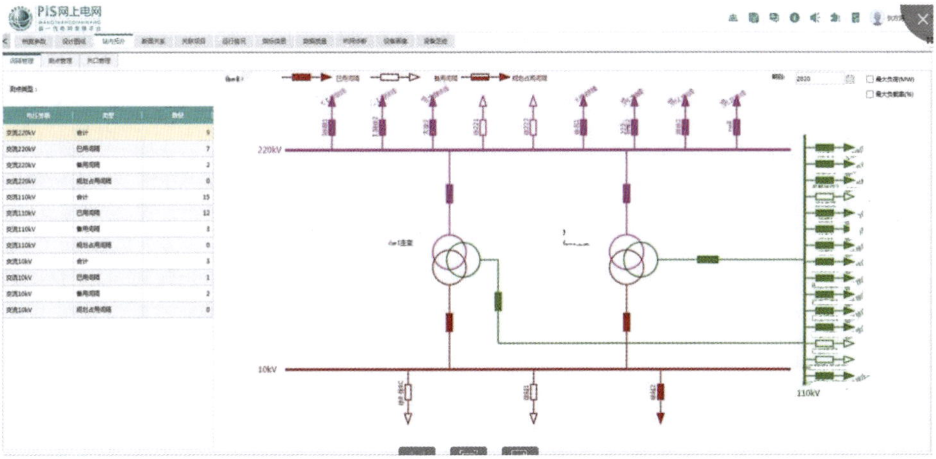

图 14　220kV XZ 变电站站内拓扑示意图

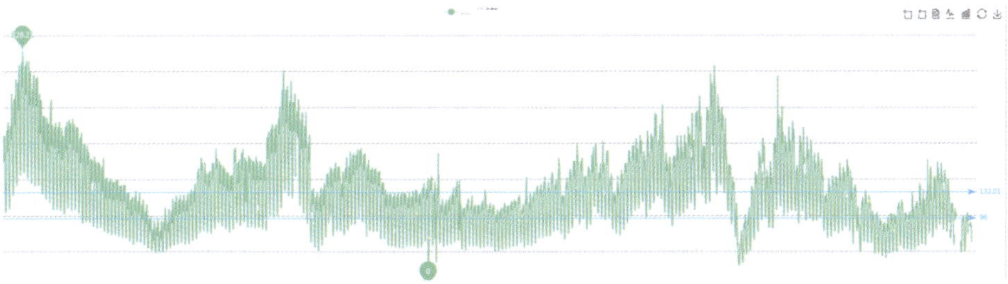
图 15　220kV XZ 变电站 2021 年负荷曲线示意图

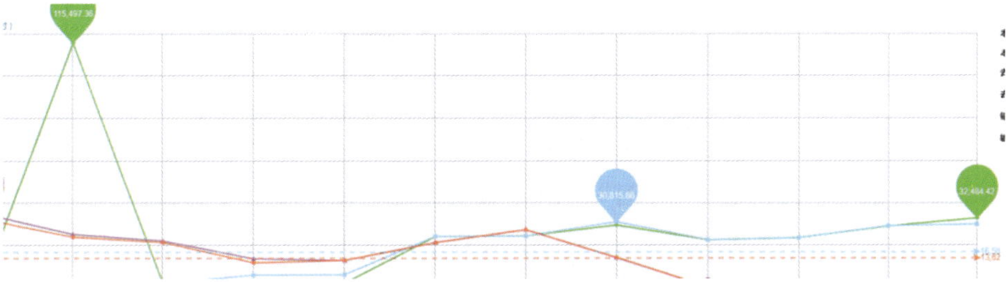

图 16　220kV XZ 变电站历史电量示意图

通过“电网一张图”，可以清楚看到 220kV XZ 变电站，主要承担着 C 市市区西南三环附近的主要供电任务，负载较高，所带 HG 等变电站，如图 17 所示，在全站故障时，周围其他变电站难以承担转带作用。该变电站故障停运后，电网安全稳定将受到严重影响，故规划将 XZ 变电站予以迁址。目前，该项规划正在实施当中，C 供电公司计划利用“网上电网”“图数一体”的优势，规划 XZ 新址选址。

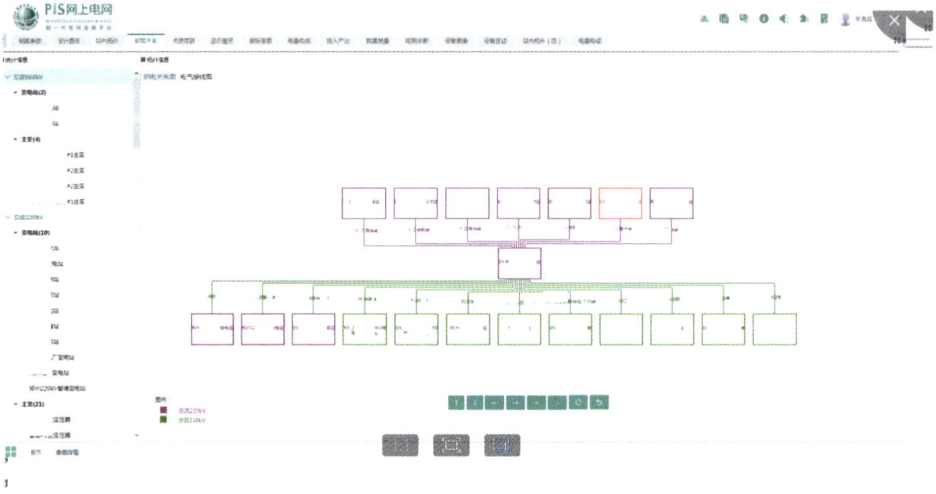

图 17　220kV XZ 变电站断面关系联络示意图

三、成效总结

国网河南省电力公司面对暴雨突袭，城市内涝，水库溃坝，交通受阻，用户停电等种种困难。充分发挥组织优势，统一指挥，各部门、单位协同联动，利用“网上电网”平台，打赢了一场电网保卫战。本次战役在“网上电网”系统应用方面同样取得了一系列成效。

一是有效提升线上线下业务融合，高效指导抗洪抢险工作。公司成立防汛抢险指挥部，利用“图数结合”“电网结构可视化”等功能，及时分析电网状况，高效指导一线工作，为抢险工作争取出黄金时间，提升工作效率。

二是依托“网上电网”平台开展大数据分析，提升公司业务管理水平。依托“网上电网”开展大数据分析，统筹梳理电量发展趋势，结合电量增减情况，实时调整发展建设方案，科学合理运行调度，形成机动管理模式，确保供电质量安全可靠，社会发展稳定。同时，为政府部门、企业用户的宏观经济、行业产业分析提供多维度信息数据，推动营商环境提升。

三是依托平台助力政企抢险救灾，提升企业社会责任感。依托“网上电网”平台的应用模式和分析方法，对受灾变电站及企业用户，时刻进行电网监控及负荷电量分析，第一时间为政府及企业，做好数据支撑及电力服务，充分彰显“人民电业为人民”的服务宗旨。

四是灵活应用场景平台系统，助推业务一条线。本案例基于“网上电网”平台，实现了业务、信息、数据上下联动，可以灵活支撑基层管理，有利于“网上电网”业务一条线的推广应用。

主要完成人：田俊红　吴军波　秦军伟　狄方涛　朱逸超　张丽玮

案例 2

依托“网上电网”开展 X 市特大暴风雨应急抢险工作

一、背景介绍

2021 年 7 月 8 日晚，受东北冷涡后部偏北气流影响，极端暴风雨天气突袭 X 市西部的 MZ、QY、WX 三个县，瞬时风力达到了恐怖的 12 级（36.8m/s），电力设施受到不同程度的损坏。灾情就是命令，X 供电公司迅速行动，多措并举应对处置。充分利用“网上电网”系统，全面排查电网受灾情况，编制应急抢险工作方案。经过连续奋战两个昼夜，恢复了民生、市政机关、新闻媒体、医院、消防、疫苗储藏等重要用户用电，取得了抗灾应急抢险全面胜利的突出成绩。

二、应用详情

（一）借助“网上电网”全面排查受灾区域情况

1. 变电站方面

MZ、QY、WX 三个县因暴风雨影响，造成 220kV MJ 变电站 110kV 南、北母线停电、110kV YG 变电站 2 号主变压器高压侧迎 112 开关跳闸、110kV SN 变电站 1 号主变压器低压侧 S101 开关跳闸。

以 MJ 变电站为例，通过首页“搜索”功能，定位 MJ 变电站，即可实现“查看详情”“查看进出线”“查看配变线路”等功能。

点击“运行情况”，可以直观地看到 7 月 8 日 20 时 45 分，MJ 变电站负荷为 0（见图 1）。为更精确地分析出所影响的区域范围，点击查看“进出线”，即可显示与 MJ 变电站互联的线路电压等级、长度、终点电站等信息，快速锁定受影响的区域范围。

图 1　MJ 变电站运行情况示意图

2. 输电线路方面

因暴风雨影响，造成 220kV ⅡZL 线路 39 号塔 B 相搭挂彩钢瓦线路跳闸、35kV MQ 线过电流Ⅰ段保护动作。

以ⅡZL 线路跳闸为例，点击“查看详情”，可以发现 7 月 8 日 20 时 45 分ⅡZL 线跳闸（见图 2）。通过“运行情况”的“时序分布”功能，可以看到Ⅱ

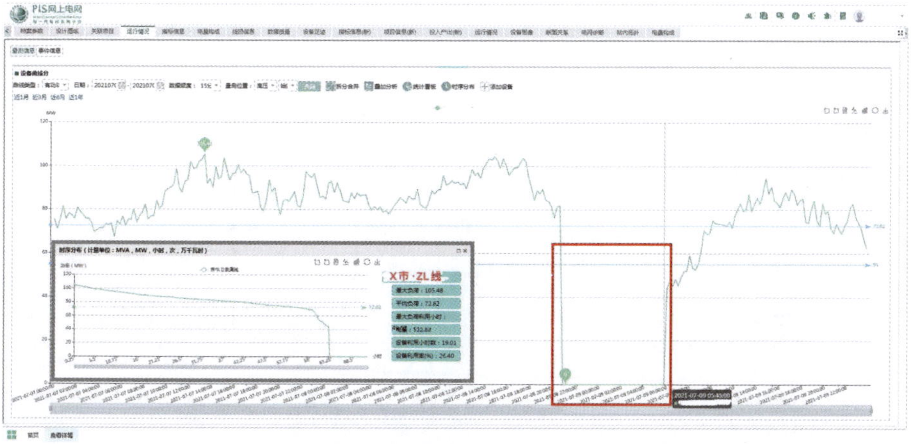

图 2　ⅡZL 线路运行情况示意图

ZL 线的平均负荷、最大负荷、设备利用小时数等关键指标，通过计算可得损失电量约为 49 万 kW · h。

3. 配电网方面

利用“搜索定位”“查看详情”功能，对受灾区域进行统计，得出 MZ、QY、WX 三县共有 72 条 10kV 线路停运（见图 3、图 4）。结合现场实地统计倒杆 186 基，断线 206 处，预估影响台区 2657 个，停电用户约 12 万户。

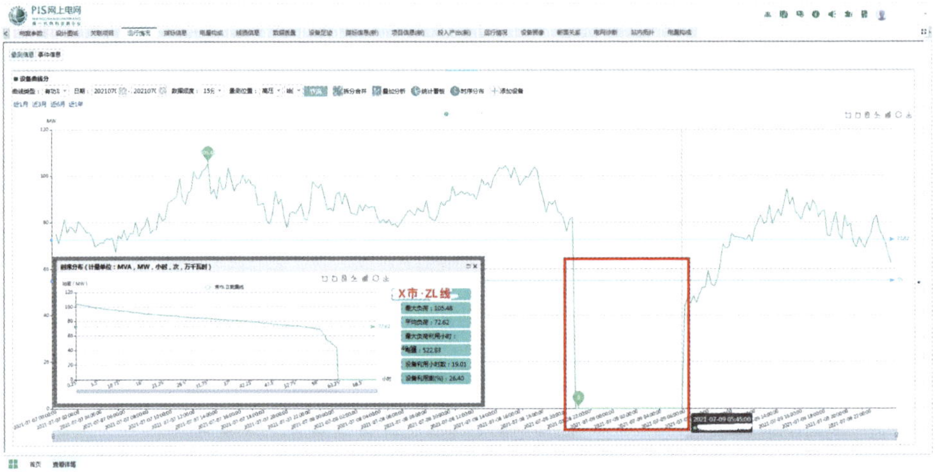

图 3　SN 线运行情况示意图

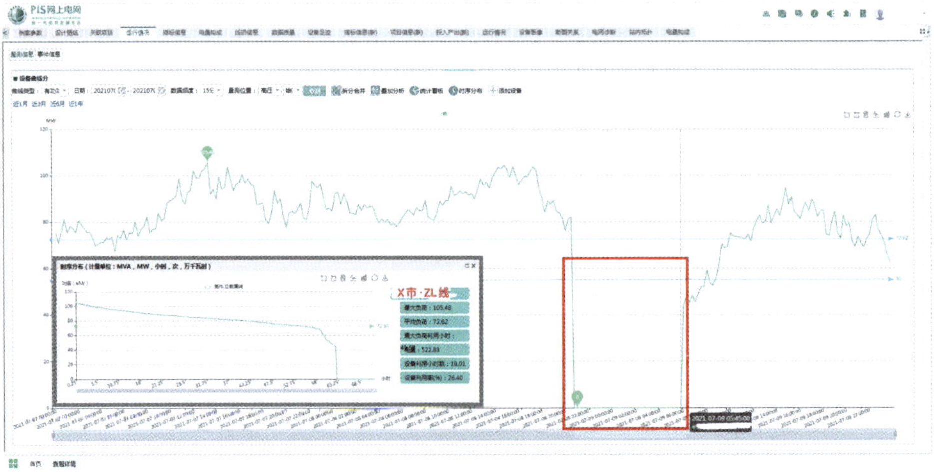

图 4　CBN 线运行情况示意图

（二）运用“网上电网”支撑抢险及恢复工作方案制定

通过“电网一张图”功能，深入分析受影响主网架情况；基于“配变和开关分布、线路展示”等功能，逐项分析受影响配电网情况，支撑科学编制应急抢修方案。

1. 变电站方面

结合“网架情况”“变电站分布”“线路展示”等功能，进行重点排查。将MJ 变电站 110kV 南北母所带线路和相关联变电站、线路的图数信息，一并提供给调度部门。通过提供针对性支撑，形成具有创新性的抢修处理方案。同时，通过“网上统计分析—网上诊断—网架分析”功能（见图 5），可以发现 MJ 变电站是 2020 年 6 月投运的单变变电站，存在供电可靠性不高，易受极端天气和偶发事件影响，造成全站失压的情况发生。通过“网上电网”的“图数系统分析”，将远期科学指导 MJ 变电站扩容规划。

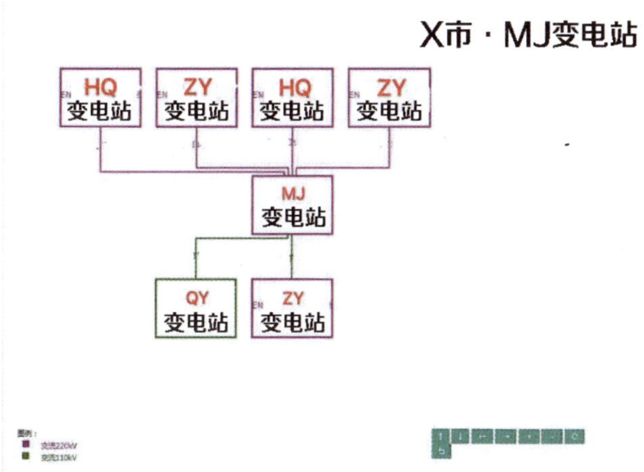

图 5　MJ 变电站连接拓扑示意图

2. 输电线路方面

在制订暴风雨抢修方案过程中，一是通过“指标信息”，发现ⅡZL 线的最大负载率呈现逐年递增的趋势，通过“电量构成”可知，去年累计输入电量与今年输入电量基本持平（见图 6）。二是通过现场保护装置可知：ⅡZL1 开关跳闸，接地距离Ⅰ段保护动作，故障相别 B 相，故障测距距 ZY 变电站 9.5km；ⅡZL2 开关跳闸，接地距离Ⅰ段保护动作，故障相别 B 相，故障测距距 LQ 变电站 6.88km。通过“工具栏—测量长度”功能，为现场输电人员线路故障巡视缩小范围（见图 7），最终确定是 ZL 线 39 号塔 B 相搭挂彩钢瓦，30 号塔接地极有明显放电痕迹。

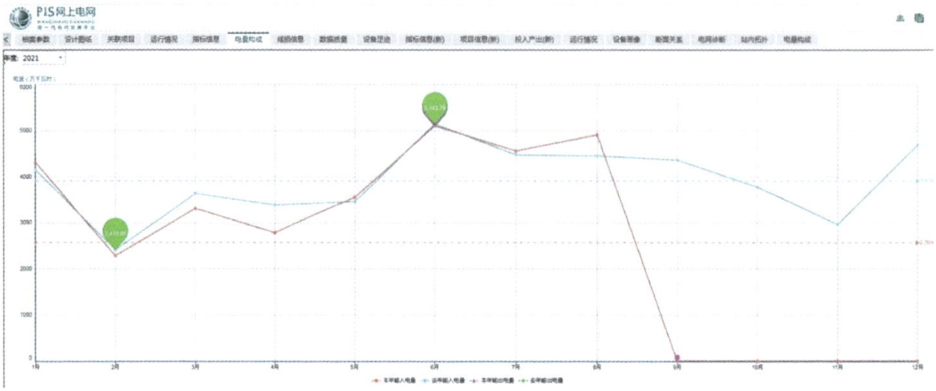

图 6　Ⅱ ZL 线电量构成示意图

图 7　Ⅱ ZL 线线路故障范围示意图

利用“网上电网”，对Ⅱ ZL 线及相关的线路有了全方位的认识，通过首页的“规划态—输电网规划”功能，可以看到 220kV LQ – WS 线正在规划中（见图 8）。通过图上分析、线上制定、大幅减少了往返现场的时间，提高工作效率，利用大数据等前沿技术，优化指导电网专项规划。

3. 配电网方面

以 MZ 市为例，在制定暴风雨抢修方案过程中，一是利用“网上电网”的

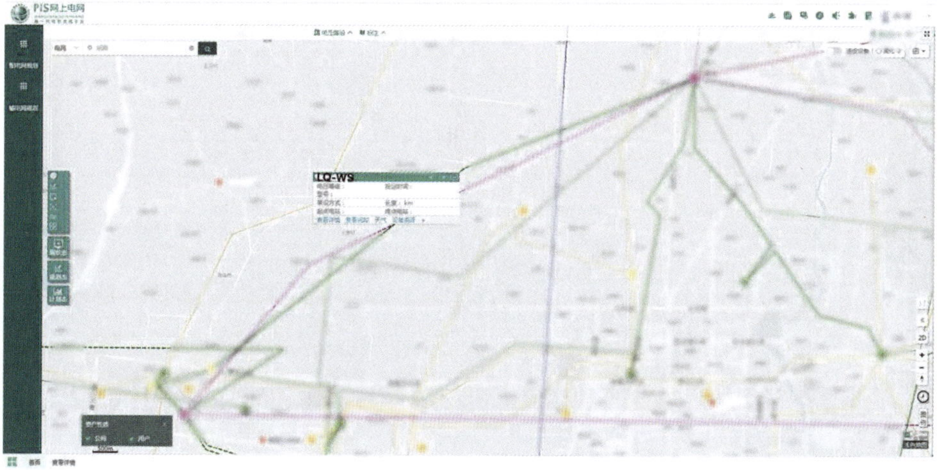

图 8　规划态的 LQ－WS 线路走径示意图

“一张图”功能，辅助制定 10kV SAN 线、SN 线、GN 线、SPN 线和 HG 线互联线路的负荷转带应急抢供措施（见图 9），短时间内恢复了这 5 条线路的供电，缩小了停电范围，减少了故障停电时间。二是利用“开关分布”功能（见图 10），对 MZ 市 10kV 线路故障切除、非故障恢复提供有力参考，为灾后重建工作提供方向，达到了科学、高效保供电的目标。

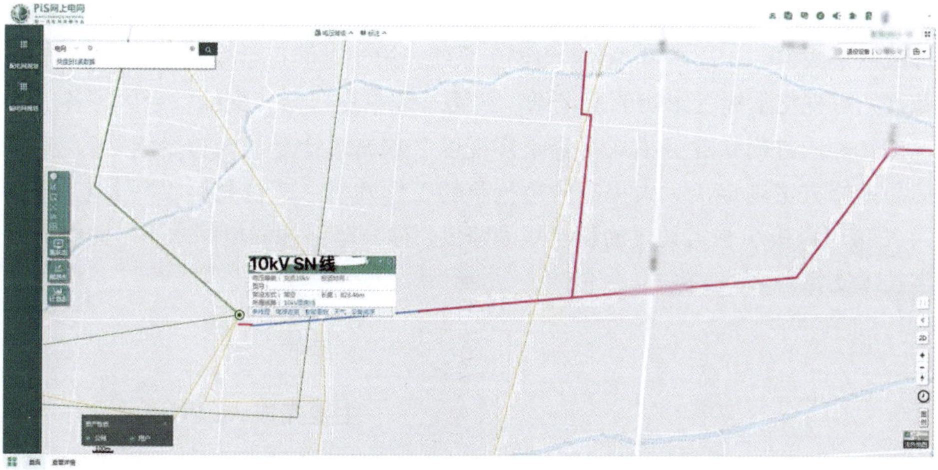

图 9　SN 线与 HG 线互联互供示意图

本次特大暴雨抗灾抢修期间，X 供电公司共出动抢修人员 746 人次，抢修车辆 209 台次，发电装备 6 台。全体抢修人员克服 40℃以上高温、雨后土地松

图 10　MZ 市 10kV 开关分布示意图

软等困难，经过两个昼夜艰苦奋战，截至 7 月 11 日 01 时，受灾地区所有停电居民用户全部恢复正常用电。

三、成效总结

借助“网上电网”发挥大数据优势，支撑了问题排查和抢修方案制定，并形成以下成效。一是使用“网上电网”系统，第一时间可全景获悉“图数一体”数据，可视化掌握受影响的变电站、线路、配电变压器、配线、台区等各项情况；二是通过创新业务模式，真正实现以“数据多计算、人员少跑路”，支撑应急抢修方案制定，大大提高应急抢险的工作效率；三是利用“网上电网”，为 X 市应对极端恶劣天气的科学规划建设，提升坚强智能电网水平，提供了数字技术支撑。

主要完成人：刘一帆　许　宁

第七章

推动基层减负增效

◎ **案例 1** D供电公司《“网上电网”助力F区（县）开展配电网网架提升前期准备工作》

◎ **案例 2** O供电公司《利用“网上电网”助力县城区10kV电网提升优化》

案例1针对F区（县）10kV网架提升难的问题，使用“网上电网”系统的“电网一张图”功能，开展网架分析，并确认可实现联络的位置；通过“源网荷储设备统计”核实线路情况；利用“系统测距工具”分析供电半径；根据“负荷曲线”分析线路承载能力，最终助力F供电公司制定出科学、可行的网架提升方案，最终实现了F供电公司10kV线路联络率提升10%的目标。本案例对于在“十四五”规划工作中开展全过程管控业务深度应用，具有典型示范意义。

案例2借助“网上电网”系统，分别从“电网一张图”“间隔可视化”“源网荷设备统计”“综合指标看板”等功能，查看O市各县35kV及以上变电站站点分布、负载情况、间隔使用情况、10kV配电变压器布点、配线路径以及区域网架负载率等数值指标，为10kV网架规划提供数据支撑与工作导向。

案例 1

“网上电网”助力F区（县）开展配电网网架提升前期准备工作

一、背景介绍

10kV 配电网网架提升，是国网河南省电力公司为落实公司职代会报告部署，加强 10kV 网架建设，全力推进配电网高质量发展的年度重点工作。发展部明确提出了，2021 年全省 10kV 互联率要提升 10 个百分点的具体要求。以此为基础，F 区（县）（简称 F 区）供电公司开展了 2021 年 10kV 网架提升专项行动，并提出了 10kV 电网项目储备“四步法”。

F 区供电公司作为河南省典型的县级供电企业，具有农村地区网架结构薄弱，10kV 线路以单辐射为主，供电灵活性、转供能力、可靠用电保障不足的实际情况。凭借“网上电网”系统直观的视角，丰富的电网运行数据，为 F 区供电公司配电网提升提供了有力的数据支撑。

二、应用详情

（一）F 区电网概况

F 区位于河南省东部，交通发达，区位优势明显。通过“源网荷设备统计”功能，查看 F 区电网系统概况，如图 1 所示。目前，F 区供电区内共有 220kV 变电站 1 座，容量 360MVA；110kV 变电站 4 座，总容量 340MVA；35kV 变电站 10 座，总容量 191MVA。境内有 110kV 输电线路 6 条，总长度 73km；35kV

输电线路 18 条，总长度 166km。

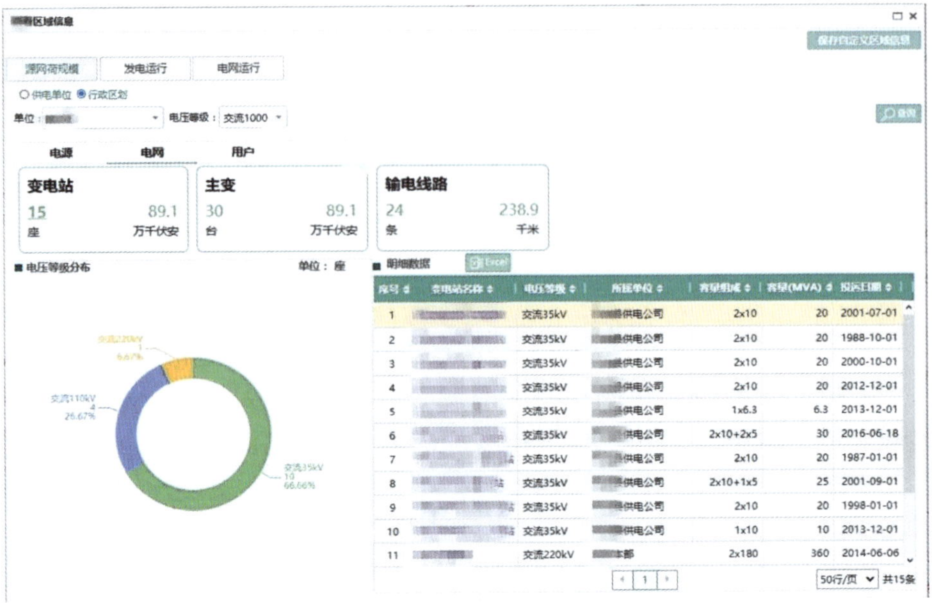

图 1　F 区电网运行示意图

配电网层面 F 区共有 10kV 线路 119 条。其中，联络线路 55 条，互联率 46%。按照公司工作部署，F 区供电公司 2021 年要将 10kV 互联率提升至 56%，即需将 12 条单辐射线路形成联络，可切实提升 F 区供电能力及可靠性，F 区 10kV 线路示意图，如图 2 所示。

图 2　F 区 10kV 线路示意图

（二）“网上电网”助推 F 区配网网架提升

按照 10kV 电网项目储备“四步法”，即“理问题”“谋方案”“实分析”“细评审”的工作方法，F 区供电公司充分发挥“网上电网”数据支撑能力，全力推进配网网架提升。

1. 理问题：结合 F 区现有联络线路清单，利用“网上电网”系统对全部联络位置进行逐一排查

依照公司运维检修部提供的线路联络关系台账，利用“网上电网”系统，逐一对联络位置进行系统核查。通过查看系统图形，可以轻松找到联络开关，并对联络台账的真实性进行判断。

以 X6（FC）板与 S14（ZZ）板为例，台账中显示，其联络位置位于 X6 板 FC 线 XS 分支 51 杆，从“网上电网”系统中，找到该位置并进行系统核实，如图 3 所示。

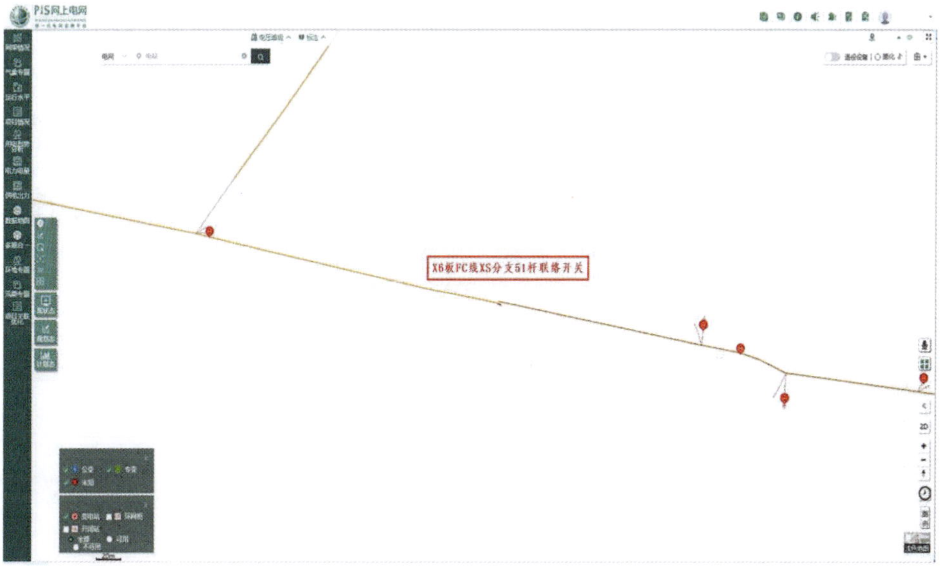

图 3　X6 板 FC 线联络开关示意图

凭借此方法，F 区供电公司对全区 55 个有效联络点进行逐一核实，确保现有数据准确。

2. 谋方案：利用“网上电网”系统“矢量地图”“卫星地图”功能，分析线路情况，制订网架提升方案

利用“网上电网”系统相关功能，进行粗略的宏观分析，标出地图上可实

施线路联络的位置。以 F 区东部线路为例，系统可直观看出线路位置情况，进而分析出可联络位置，如图 4 所示。

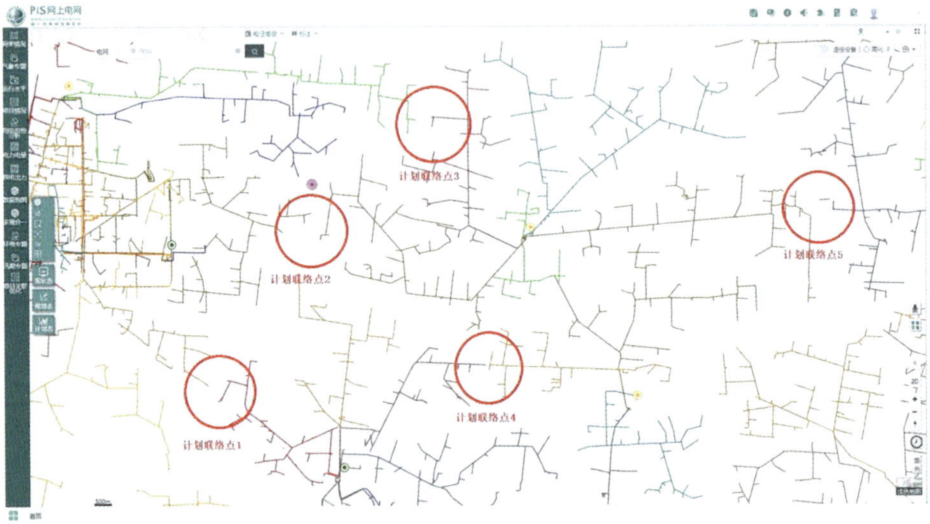

图 4　F 区东部线路联络关系示意图

通过放大相关区域，进一步研究联络项目的可行性。以计划联络点 1 为例，该联络点可使用 10kV C5 板与 10kV J24 板进行联络，如图 5 所示。通过系统“卫星地图”，可以清晰看出，计划联络点 1 在村庄两侧，且 10kV C5 板线路已有通道穿越高速公路，不存在屏障制约，连接项目可行。

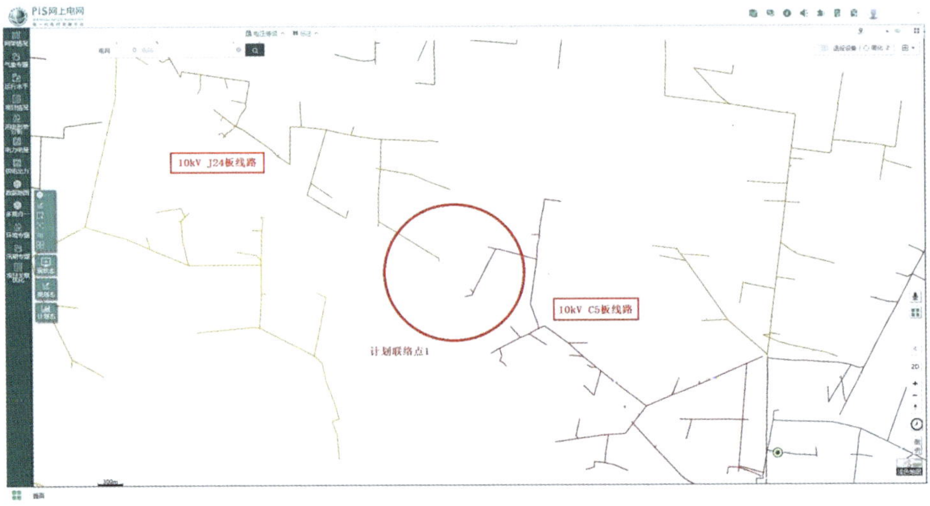

图 5　C5 板与 J24 板线路联络位置示意图

3. 实分析：从供电半径、线路承载力等方面进行分析，确保线路联络后实现负荷转供

线路联络是为了达到灵活供电，负荷转供，减少故障停电面积，提高供电可靠性的目的。依托“网上电网”系统，可以直观、快速统计出 10kV C5 板线路运行情况，从根本上解决了人工翻阅档案查找线路数据的痛点，如图 6 所示。

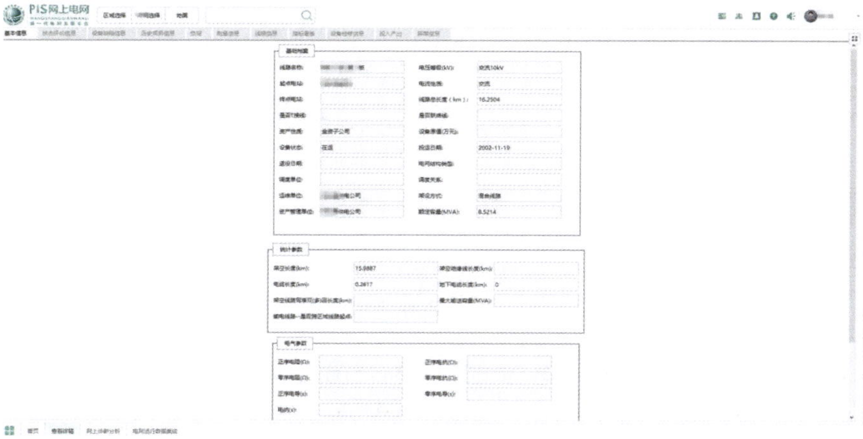

图 6　C5 板线路档案示意图

通过“网上电网”系统的“测距”功能，对实现联络后的线路供电半径情况进行分析，如图 7 所示。实现联络后，联络线从 110kV CL 变电站，至联络线路末端 110kV SJ 变电站，线路路径距离为 14.19km，满足 D 类供电区供电半径不超过 15km 的要求。

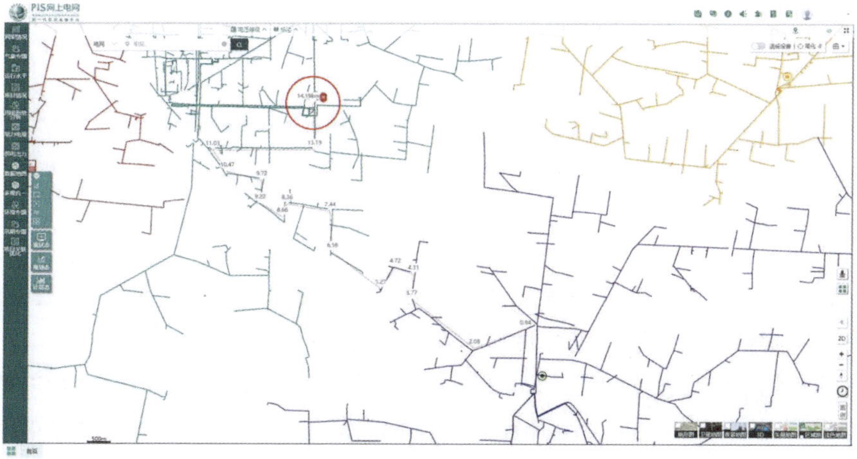

图 7　联络后供电半径分析示意图

通过"网上电网"系统查看负荷情况，可知 10kV C5 板近一年来最大负荷日发生在 2021 年 7 月 10 日，为 0.24MW，负载率 33%，还可承载负荷 0.56MW，如图 8 所示。

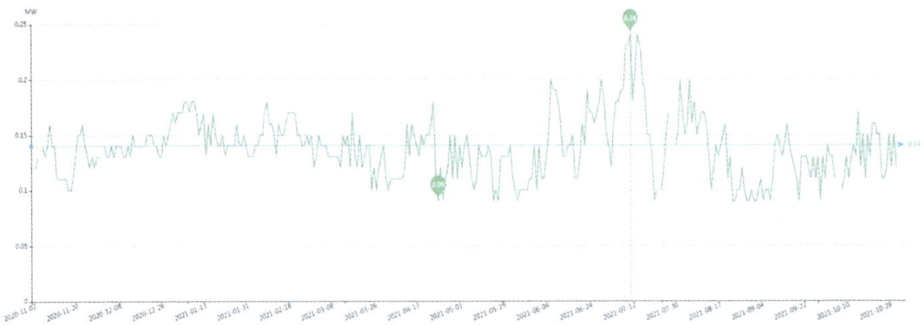

图 8　10kV C5 板线路负荷示意图

查阅与其联络的 10kV J24 板线路负荷情况，其近一年最大负荷日发生在 2021 年 6 月 24 日，为 0.53MW，如图 9 所示。通过新建联络，10kV J24 板与 10kV C5 板间可短时互相转带全部负荷，即实现联络后，两条线路满足双向 $N-1$。

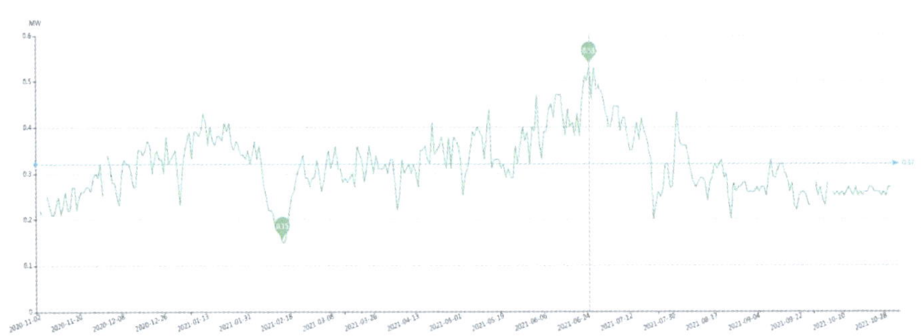

图 9　10kV J24 板线路负荷示意图

经过层层分析，确定该联络点可切实提升公司配网互联率和 $N-1$ 通过率，设计单位根据现场情况，进行路径选择，即可完成项目储备。

通过勾选"配变分布"和"断路器分布"，能够直观地看到分段开关及挂接配电变压器情况，如图 10 所示。在实际运行工作中，可根据故障位置灵活切换运行方式，做到故障范围最小化。

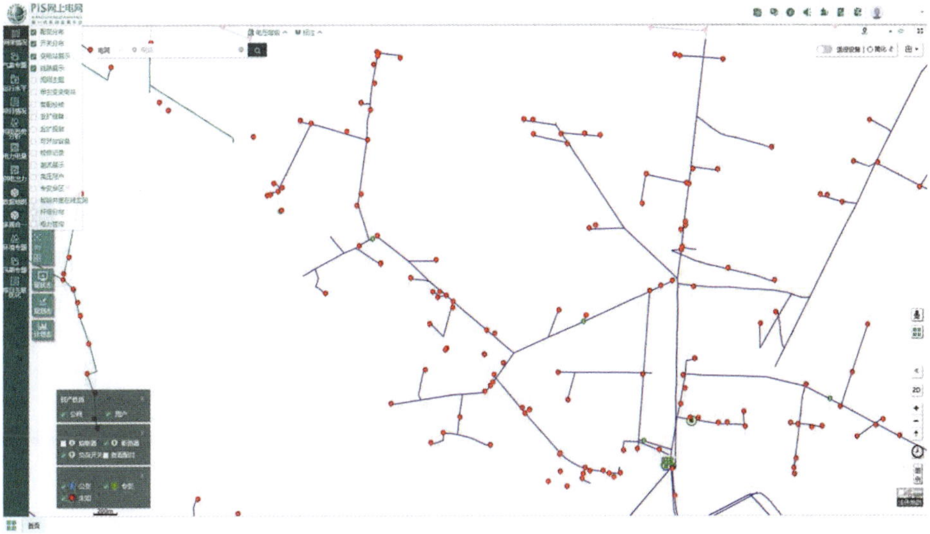

图 10　10kV C5 板配电变压器及开关分布示意图

4. 细评审：通过“网上电网”系统查询数据，对项目必要性、可行性进行有力说明

经过层层分析，F 区供电公司本次共在全区找到可新增的联络位置 34 项，解决单辐射线路 32 条，并实现全部或部分负荷相互转供，使公司 10kV 互联率提升至 76.5%，超额完成公司既定目标。

在 2021 年第一批配网储备评审中，通过“网上电网”系统查询数据，能够对项目必要性、可行性进行有利说明。F 区供电公司 34 个增强网架工程，全部一次通过评审，评审一次通过率 100%。

三、成效总结

依托“网上电网”系统，开展 10kV 配网网架提升工作，能够快速、便利、直观、准确地进行网架诊断分析。改变了规划人员基层收资、现场勘查的传统工作模式，帮助 F 区供电公司制定了科学、可行的网架提升方案。将 F 区 10kV 线路互联率提升至 76.5%，F 区实现了 10kV 线路互联率提升 10%的目标，超额完成国网河南省电力公司规划任务。在应用期间，充分发挥了“网上电网”系统的数据支撑优势。一是网架结构清晰明了，通过系统“接线图”和“卫星图”可快速找出线路走径，便于规划人员宏观分析。二是设备数据快速调阅，通过系统可快速调阅相关设备参数和运行数据，帮助规划人员进行判断。三是系统工具实用方便，通过系统自带的“测距查询”等功能，大大提高规划人员工作效率。最终帮助 F 区供电公司打造坚强电网，为区域经济发展提供供电保障。

主要完成人：耿　冲　刘　平　翟淑慧　孙　凯　朱海槟

案例 2

利用“网上电网”助力县城区 10kV 电网提升优化

一、背景介绍

“十三五”期间，O 市配电网快速发展。因户表改造、中心村改造、贫困村改造、机井通电、煤改电等政策性工程较多，配电网重点发展台区和低压线路改造，10kV 网架薄弱问题日益突出。

从 O 供电公司“推进配电网高质量发展”工作通报发展目标中得知：“十四五”期间，着力开展中压线路互联率倍增工程。加快 10kV 网架建设，每年 10kV 线路互联率提升约 10 个百分点，到 2025 年，10kV 线路互联率城网达到 90%以上（目前城网 80%），农网达到 80%以上（目前农网 40%）。截至 2020 年年底，O 市供电区域共计 10kV 线路 1350 条，实现联络线路 878 条，联络率为 65%。其中，架空线路主要分布在 O 市县域范围内，共计 1090 条，三联络占比 2.75%，两联络比例为 11.02%，单联络比例为 41.28%，辐射式比例为 44.95%；电缆线路主要分布在市辖区，共计 260 条，双环网比例 19.23%，单环网比例 65.38%，单辐射比例 15.38%。

二、应用详情

1. 分析区域概况

以 O 市 Q 县城区为例，分析 Q 县 35kV 及以上变电站供电情况。首先，查看 Q 县 35kV 及以上变电站分布及负载率情况。然后，查看 Q 县城区变电站状况，如图 1 所示。

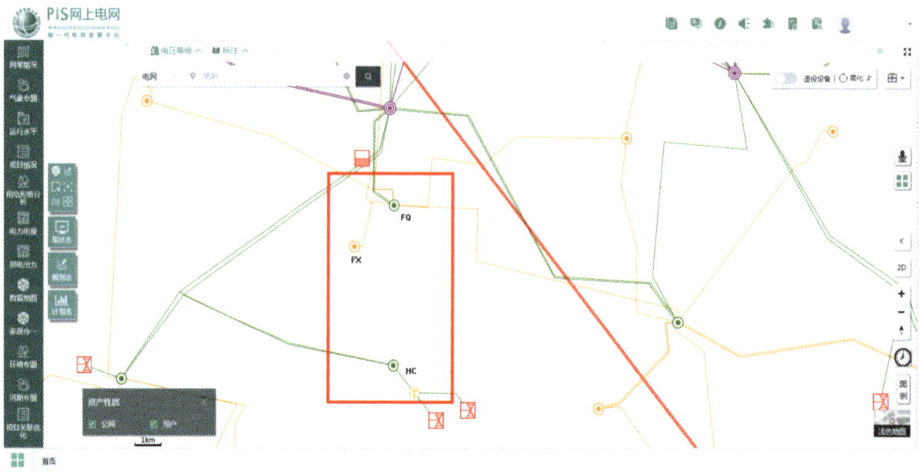

图 1　Q 县城区变电站信息示意图

可以看到 Q 县城区主要由 110kV FQ 变电站、HC 变电站，35kV FX 变电站作为供电电源。首页中左侧导航栏中运行水平，勾选"变电站负载率"，可以看到 FQ 变电站、FQ 变电站出线存在重过载现象，HC 变电站为正常运行。

2. 分析县城区变电站间隔情况

使用"间隔可视化"功能，查看 Q 县城区变电站间隔使用情况。点击首页中左侧导航栏中"网架情况—间隔主题"，可以看到各变电站间隔情况。其中，FX 变电站低压侧间隔已经用尽，FQ 变电站低压侧间隔剩余 1 个，HC 变电站低压侧间隔剩余 2 个。

3. 分析县城区变电站间隔利用与负载率关系

对于 FQ 变电站、FX 变电站，其变电站间隔资源紧张，但是其负载率也较高，线路利用率较高。而 HC 变电站 20 个 10kV 间隔已全被使用，但负载率仅 42%，说明其 10kV 出线未充分利用，负荷分配不合理，配出的线路可能存在轻载的问题。

4. 分析县城区变电站 10kV 出现线路负载情况

首页中点击“HC 变电站—查看详情”可以看到 HC 变电站基本信息。其中，交流 10kV 出线间隔共计 20 个，全部处于已用状态，如图 2 所示。

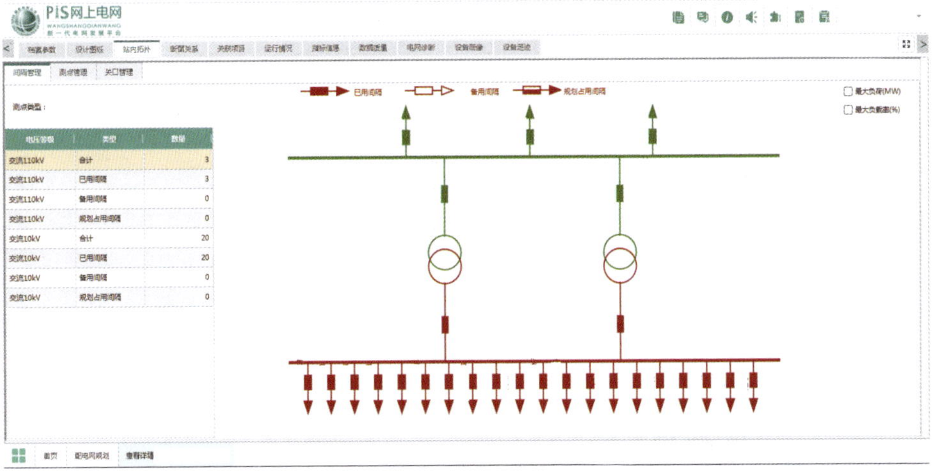

图 2　HC 变电站“查看详情”界面示意图

单击“HC 变电站 22 板 I CG 线”，选择“负荷”，定位 2020 年，可以看到 I CG 线 2020 年负荷曲线，最大负荷为 0.23MW，处于轻载运行，如图 3 所示。

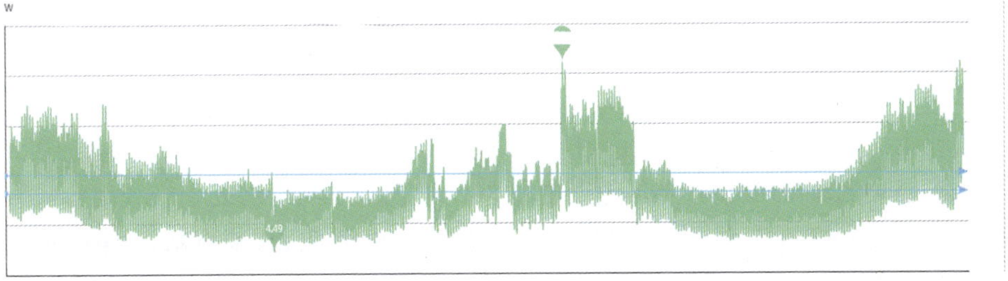

图 3　HC 变电站 I CG 线路负荷示意图

5. 结合县城区变电站、线路供区现状确定切改方案

通过系统首页，可以查询 Q 县城区变电站 10kV 线路图，如图 4 所示。结合 HC 变电站与 FX 变电站线路走向，与城区供电所进行结合。可以初步确定通过增加 FX 变电站与 HC 变电站联络，将 FX 变电站负荷切割至 HC 变电站，解决了 FX 变电站过载，HC 变电站轻载问题，同时提高了县城区变电站联络率。

图 4　HC 变电站与 FX 变电站线路走向示意图

三、成效总结

本案例应用“网上电网”，可以直观看到 Q 县城区电网建设情况，为解决设备重载、轻载、联络率不高、负荷转移能力差等问题指明了解决方案。同时，省去人工线下与各部门、各专业索要数据的麻烦，提高了工作效率，后续将根据分析结果，结合规划项目，推进 HC 变电站与 FX 变电站联络项目，解决设备重载问题，有效提高网架互联、互供能力。

随后 O 供电公司组织发展部、运维检修部、调控中心等多部门共同参与。利用“网上电网”系统功能进行分析，除 HC 变电站外，还发现 3 座变电站 10kV 出线间隔利用率在 80%以上，但变电站整体负载率不高，均处于轻载运行。可通过此方案，解决周围 LG 变电站单辐射问题以及缓解 YL 变电站、DT 变电站的重载问题。下一步，将根据区域负荷情况，将配网负荷进行合理分配，利用剩余间隔及轻载线路转供重过载设备，提高设备利用率，解决重过载及轻载问题。针对分析出的电网问题，结合“十四五”规划项目，为 O 市地区电网发展提供下一步投资方向和依据，进一步提高公司电网建设项目的经济效益和社会效益。

主要完成人：王　昊　黄小永　杨　辉　刘占坤

第八章

保障社会民生需求

◎ **案例 1** L 供电公司《基于“网上电网”开展 L 市“两考”供电工作》

◎ **案例 2** B 供电公司《“系统思维＋网格化”赋能重大业扩报装　助力城市电网发展》

◎ **案例 3** Q 供电公司《借助“网上电网”服务基层开展项目后评价论证》

◎ **案例 4** F 供电公司《依托“网上电网”服务城市高质量发展》

案例 1 依托“网上电网”系统，为了更为精准制定“两考”供电方案，应用首页“查看详情”功能，分析预测 L 市 NH 县第一中学考点“两考”期间负荷情况；应用首页“查看配变线路”功能，分析考点设备分布信息，编写“两考”供电事故预案，并成功保障了考点“两考”稳定用电。本案例对于此后迎峰度夏供电工作、大型活动供电工作等，各种供电方案的制订提供广泛的实用价值。

案例 2 针对现有间隔不能满足新建小区接入电网问题，通过“电网一张图”功能，直观审视用户周边电网接线图、电网运行数据等，打破规划与现场之间壁垒；应用“设备线路运行”和“功率叠加”功能，分析了待接入小区周边设备运行情况，综合提出了“转移负荷—调整线路—接入小区”的接入思路，并已在 B 市 JA 区、G 县推广应用。本案例对于合理利用电网资源、优化中压网架结构、增加电网投资效益具有积极意义。

案例 3 针对 Q 市 BS 循环经济产业园，增量配电业务改革试点工作，借助“网上电网”，分析 BS 循环经济产业园区域近几年和以后的用电负荷，扩建新的 110kV ST 变电站。在项目的扩建过程中，利用“网上电网”平台，直观、便捷地看到项目的实施情况和进度。并且，可以根据“网上电网”对设备的负荷监测数据，分析项目实施后对该区域的影响。实现了线上各部门协同办公，节省了大量的人力物力，大大提高了工作效率。

案例 4 通过“网上电网”系统，实时展现经营区域内的全社会用电量和分行业用电量，为电量和负荷预测提供科学依据，为政府决策提供可靠的数据支撑。通过对用电量数据的深加工，能进一步对区域能耗分析做优、做细，指导电网科学规划，电网投资精准落地，从而全面降低能耗水平。本案例对于推动 F 市城市建设目标实现具有重要战略意义。

案例 1

基于“网上电网”开展 L 市“两考”供电工作

一、背景介绍

2021 年“升学季”的到来，不仅牵动着考生家长的心，也牵动着供电人的心。为保障考试期间莘莘学子良好的考试环境，做到安全、可靠、连续供电，国网 L 市 NH 县供电公司高度重视，组织开展“两考”期间用电量分析及隐患排查，并按“一考点一预案 + 双电源”工作要求制定供电方案，多措并举，为“两考”供电工作做足“功课”。公司紧密依托新一代智能规划平台“网上电网”系统，精准分析设备情况，研究制定供电方案，为“两考”供电工作提供详细数据支撑，精准、高效完成 2021 年度高考和中考供电工作，这也为此后各类重要供电工作开辟了新途径和新方法。

二、应用详情

1.“两考”供电总体情况介绍

时间：6 月

地点：NH 县第一中学、NH 县第三实验小学（见图 1）、指挥中心、监考老师住宿酒店等。

范围（网架情况）：110kV 变电站 2 座；35kV 变电站 1 座；35kV 线路 2 条；10kV 线路 7 条。

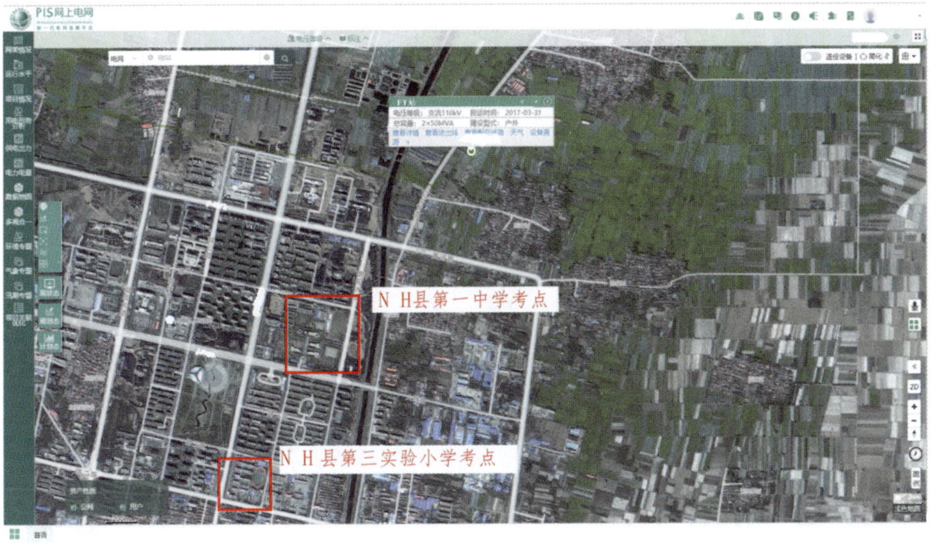

图 1 L 市 NH 县第一中学、第三实验小学考点示意图

2. 预测分析“两考”期间负荷

随着酷暑的临近，每年 6 月的“两考”期间正处于炎热季节，天气预报预测，高考日最高气温 34～35℃，中考日最高气温 33～35℃，高温酷暑天气给机组设备带来严峻考验。

以 L 市 NH 县第一中学考点为例。该考点供电变电站是 110kV FY 变电站，供电线路是 F9 号 FYB 线。

“网上电网”首页搜索定位 FY 变电站，可以看出电压等级、投运时间和总容量等信息。点击属性框中“查看详情”，出现该变电站基本信息页面，基本信息页面中包括主变压器信息和关联线路信息。FY 变电站有主变压器 2 台，容量（60+60）MVA，关联线路有 35kV 3 条 Ⅰ RF 线、Ⅱ RF 线、HF 线，10kV 12 条 F22 号 Ⅱ CHL 线、F6 号 MS 线、F5 号 Ⅰ XYL 线、F9 号 FYB 线等。进入负荷曲线对比功能，分析 FY 变电站负荷情况（见图 2）。

通过分析 2020 年“两考”期间 FY 变电站负荷，得出“两考”期间 110kV FY 变电站负荷预测，6 月最高负荷在 27 日 26.25MW（见表 1）。因疫情原因，2020 年高考时间推迟到 7 月 7～8 日，负荷分别为 27.65MW 和 25.34MW。预测 2021 年高考期间该变电站最高负荷为 28MW，可以满足高考期间该变电站所覆盖区域用电需求。

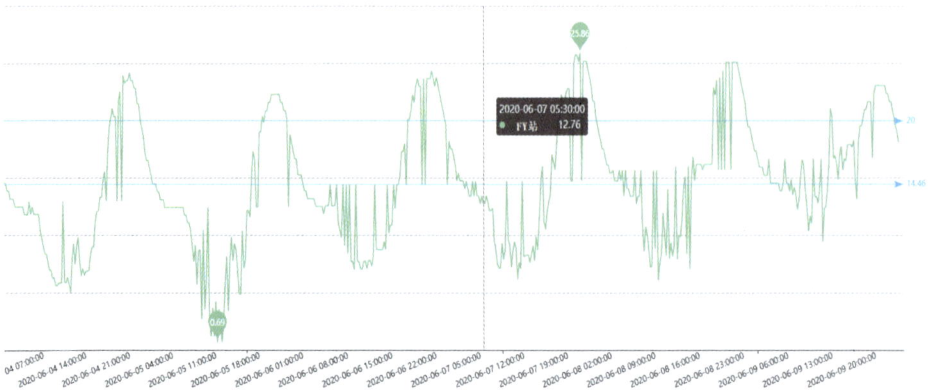

图 2　110kV FY 变电站 2020 年 6 月负荷曲线示意图

表 1　　“两考”期间 110kV FY 变电站负荷预测　　（MW）

日期 / 负荷情况	6 月 4 日	6 月 5 日	6 月 6 日	6 月 7 日 高考日	6 月 8 日 高考日	6 月 9 日	6 月 25 日 中考日	6 月 26 日 中考日	6 月 27 日	6 月 28 日
2020 年最高负荷	24.16	22.28	24.34	25.86	25.09	23.05	22.5	22.47	26.25	24.81
2021 年预测最高负荷	22	21	23	26	28	24	26	26	28	26

注　2020 年高考、中考时间因疫情原因推迟为 7 月 7～8 日，15～16 日。2021 年恢复正常。

NH 县第一中学考点拥有 4 台专用变压器，总容量为 2500kVA。分析 NH 县第一中学考点专用变压器负荷，得出 2020 年 6 月 6～9 日和 6 月 25～26 日 NH 县第一中学考点专用变压器负荷（见表 2）。

表 2　　“两考”期间 NH 县第一中学考点负荷预测　　（kW）

日期 / 负荷情况	6 月 6 日	6 月 7 日	6 月 8 日	6 月 9 日	6 月 10 日	6 月 25 日	6 月 26 日
2020 年负荷数据	779.6	776.3	907.1	797.3	848.3	733.4	972.5
2021 年负荷预测	750	800	950	850	850	800	950

预测 2021 年 6 月 7～9 日、25～26 日“两考”期间，NH 县第一中学考点专用变压器负荷最高为 950kW，可以满足“两考”期间该考点用电需求。

3. 分析编写事故预案

以 L 市 NH 县第一中学考点为例（见图 3）。

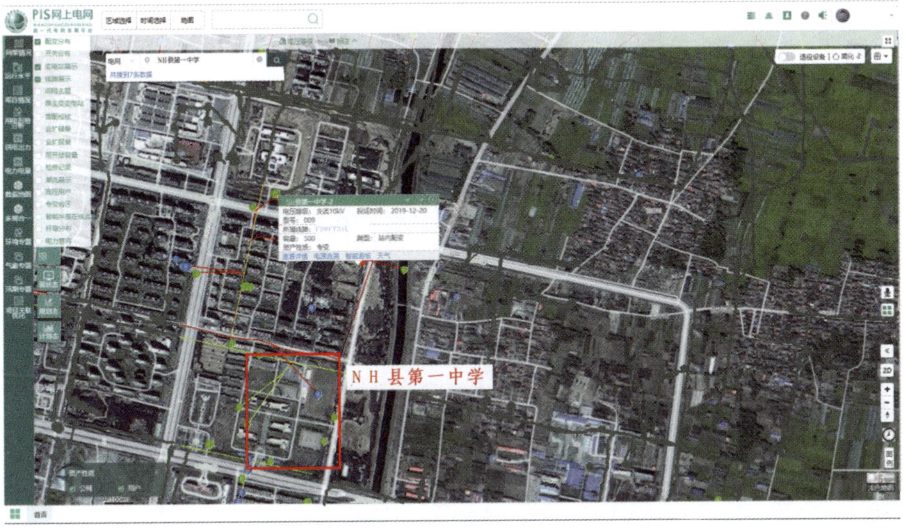

图 3 NH 县第一中学考点示意图

正常运行方式情况下，L 市 NH 县第一中学考点由 F9 号 FYB 线供电（见图 4），10kV F9 号 FYB 线 ZXDD 支号 006 开关（简称 F9 号支 006 开关）是正常运行电源，10kV F11 号 RMB 线 ZXDD 支号 002 开关（下简称 F11 号支 002 开关）为第二电源，处于常备用状态。

图 4 F9 号 FY 一路北线走向示意图

突发应急预案 1： 该考点位于 F9 号支 006 开关与 F11 号支 002 开关之间（见图 5），当线路出现异常情况，应迅速通知考点供电负责人查找故障点，当故障点在 F9 号支 006 开关前面时，应下令断开 F9 号支 006 开关，合上 F11 号支 002 开关，线路由 F11 号 RMB 线供电，保证考点电力及时供应。

突发应急预案 2： 当故障点位于 F9 号支 006 开关、F11 号支 002 开关之间时，下令断开 F9 号支 006 开关和 F11 号支 002 开关，断开考点变压器，由应急供电车接考点低压直接进行供电，保证考点电力及时供应。

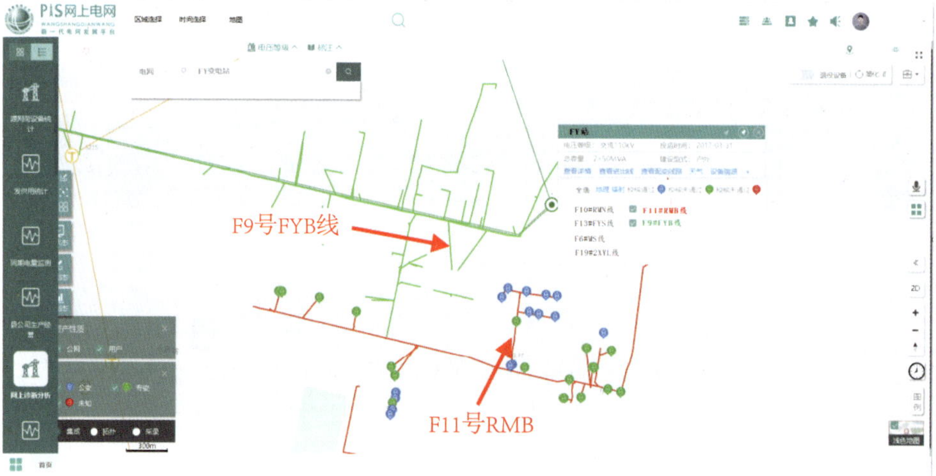

图 5　F11 号 RMB 线走向示意图

三、成效总结

一是借助“网上电网”系统发挥大数据优势，创新供电业务模式。案例中通过“网上电网”系统，改变了过去制定供电预案需多人多次现场实测的局面。利用“网上电网”系统“图数一体”功能，以全景可视化视角，全面掌握了用户周边线路走向和上级变电站负荷，创新了业务模式，真正实现了“让数据多跑路、让人少跑腿”的效果，大大提高了工作效率。

二是及时监控，提高了供电预案发现问题的时效性。本案例中分析设备负荷情况，做到了及时数据更新，保障了负荷数据收集的准确性，为“两考”期间设备负荷预测，提供了有力支持，提高了供电方案时效性和精准性。

三是全市全县一盘棋，具有极强的可推广性。通过“网上电网”本次供电方案的制定，得出的案例经验具有广泛的实用价值，可使用于迎峰度夏、大型活动等各种供电工作方案的制订。有效提升工作效率，同时扩大了“网上电网”的使用范围，真正实现了图上作业、线上服务的业务新模式。

主要完成人：池奇英　党　彬　刘　伟　刘国栋　赵金涛

案例2

“系统思维+网格化”赋能重大业扩报装 助力城市电网发展

一、背景介绍

自2016年以来，河南大力建设C市大都市区、加快推进建设CB一体化。B市区位优势进一步凸显，为未来发展奠定坚实基础。众多知名房企的陆续入驻，为地方经济社会发展注入了新的增长动能，同时也为B市中压电网带来了不小的挑战。

根据政策要求，B市新建住宅小区报装容量基本都在5500kVA以上，均需要新建开闭所。目前，已答复用电方案，且需要直接接入变电站的开闭所已多达20个，合计需要10kV变电站间隔30余个。

在上级电源容量和备用间隔有限的情况下，既要确保配电网“网格化”规划发展顺利推进，又要实现按小区终期规模建设的开闭所安全、可靠、及时接入，成了眼前亟待解决的问题。

二、应用详情

依托“网上电网”系统思维优势，创新居民小区开闭所接入方案。通过“电网一张图”，清晰看出需接入用户周边电网接线图、电网运行数据等信息，实时优化、整合电网资源，改变了传统的“开闭所直接接入备用间隔”的低效模式，简化了前期接入系统方案的大量准备工作。

以KPXC小区接入系统为例进行具体分析。

1. 通过“网上电网”，获取小区及周边多维度信息

KPXC 小区位于 TB 路以北、WW 大道以东，报装负荷 1.9 万 kVA，其周边有 220kV HW 变电站，110kV LM 变电站、XC 变电站、XC 变电站 4 座变电站，距离分别为 2.0、1.6、3.0、3.12km 左右（见图 1）。

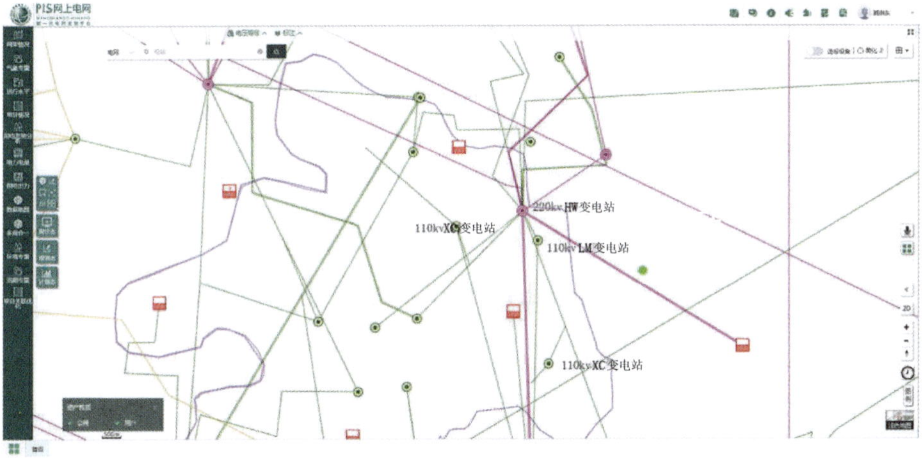

图 1　周边变电站情况示意图

且周边已有 LMHP、TBSS、HKG、XCXY 等 4 个开闭所（见图 2）。

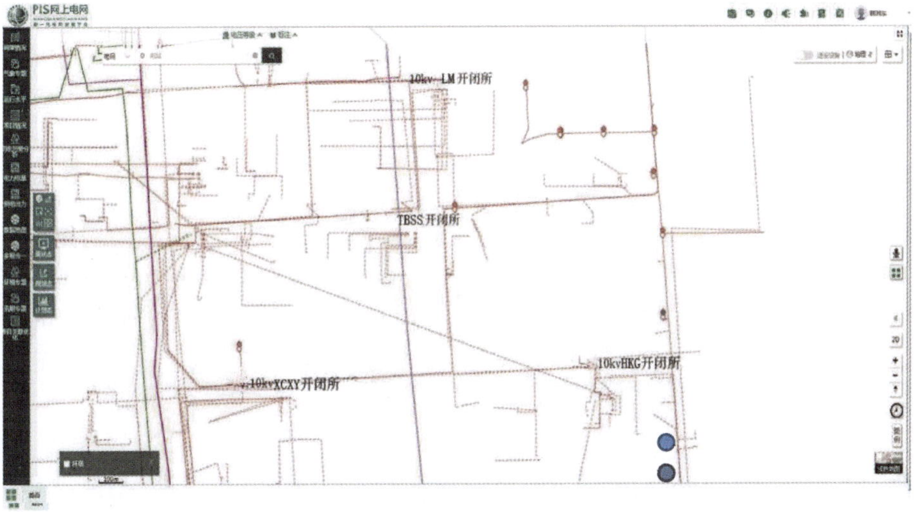

图 2　周边开闭所情况示意图

其中，HKG、XCXY 开闭所属一个网格，已与所属网格内其他开闭所组成了电缆双环网结构；LMHP、TBSS 虽说与 KPXC 属同一个网格，但两个开闭

所已呈双射结构，且接入小区负荷已达 3.5 万 kVA。

查看 10kV 间隔使用情况，距离较近的 LM 变电站、HW 变电站已无 10kV 备用间隔，若用传统接入方式，已然走入死胡同。

于是查看周边 10kV 线路情况（见图 3），可见 LM 变电站有 2 回同塔架设 10kV 公用线路 L5、L6 经过该小区。

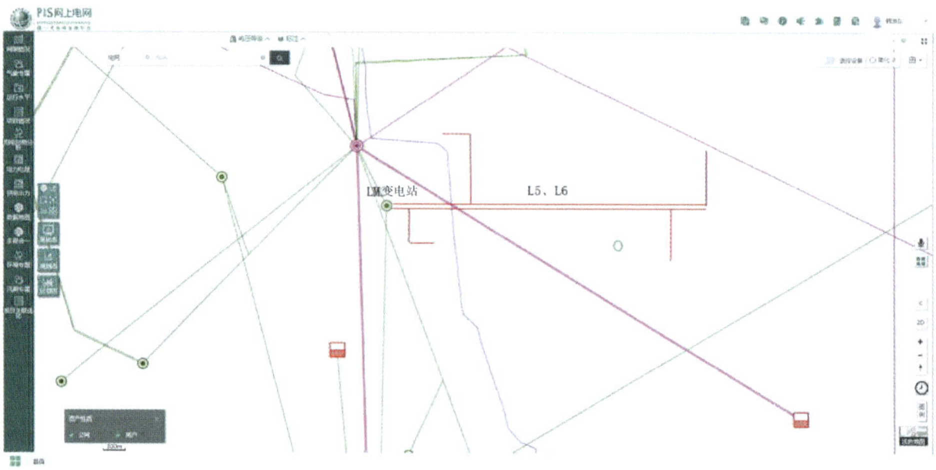

图 3　附近 10kV 线路情况示意图

查看 L5（绿色）、L6（蓝色）线路运行情况（见图 4），发现近 2 年最大负荷分别是 6.0MW 和 1.5MW 左右，LM 变压器最大负载率 65%。

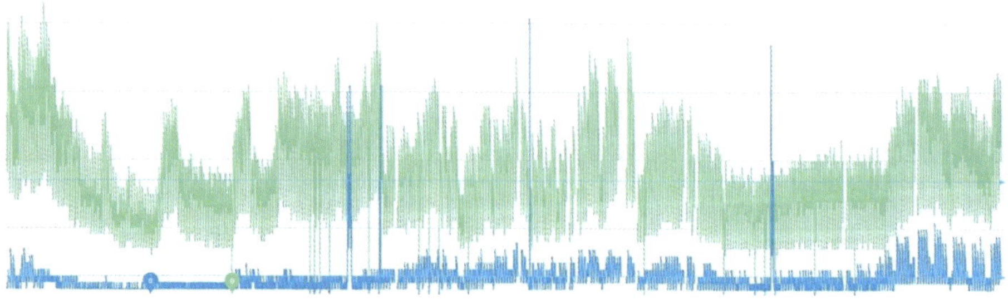

图 4　L5、L6 线路运行情况示意图

2. 利用多方信息，综合拟定接入方案

在周边无 10kV 备用间隔的条件下，拟订以下接入方案：

根据 L5、L6 线路负荷曲线，将原 L5 线路部分负荷调整至 L6 线路，使两回线路负荷达到相对均衡。

从 LMHP 开闭所配出 2 回线路，分别转带 L5、L6 线路 WW 大道以西负荷，腾空 L5、L6 线路间隔（同一段母线）。

将 L5 线路和 L31 线路间隔对调，将 KPXC 开闭所接至 L6、L31 线路间隔（不同母线）。

KPXC 开闭所配出 2 回 10kV 线路，转带原 L5、L6 线路 WW 大道以东负荷。

这样，在没有备用间隔的情况下，既达到了 KPXC 开闭所接入系统的目的。同时，以 WW 大道为界打断了原 L5、L6 线路，使得单条线路供电半径较原来缩小近一半，网架结构进一步明晰（见图 5）。

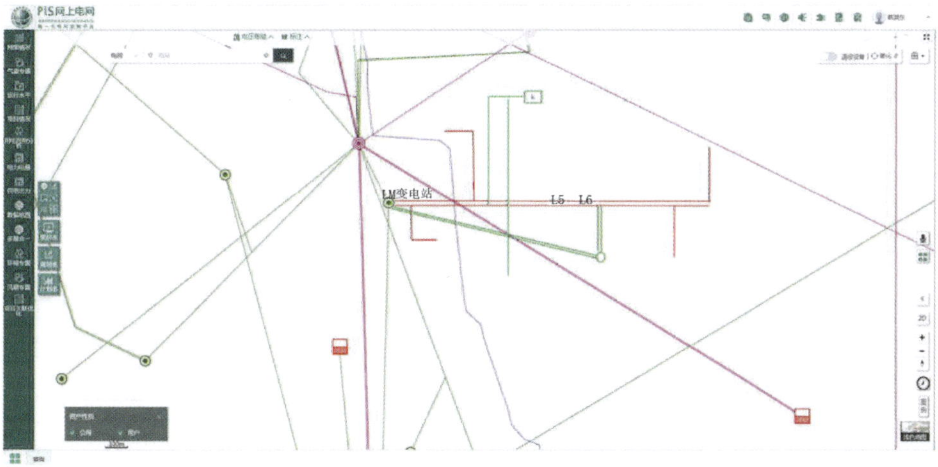

图 5　开闭所供电分区示意图

三、成效总结

（1）统筹电网发展资源，助力建设目标网架。2021 年以来，B 供电公司已利用此方法整合出 12 个间隔，供 10 个开闭所接入。目前，均已投运，避免了因用户接入造成变电站内投资增加、间隔扩建，为变电站预留发展空间。

（2）进一步完善了中压网架结构，重新调整了变电站供电分区，合理分配站间负荷，提高了变电站经济运行效率和供电可靠性。通过对比，系统分析的工作量大大降低，接入系统方案更加合理。

（3）借助系统分析思维，利用用户工程将新投运变电站、负荷较轻变电站，分别与重载变电站之间形成环网结构，优化局部中压网架结构。通过合理调整负荷，重新优化了变电站供电分区，解决了局部电网重轻载同存问题。

（4）内部推广应用，具有较强的适用性。本案例已在 B 市 A 区、G 县推广应用。其中，通过用优化现有线路接入新建开闭所的方式，A 区 2 座变电站之间，8 个小区开闭所可形成 2 个电缆双环网结构；G 县 L 区 2 座变电站之间，2 个小区开闭所可形成 1 个双环网结构；G 县 C 区 2 座变电站之间，6 个小区开闭所可形成 2 个双环网结构。目前，G 市已投运 2 个电缆单环网，B 市 A 区、G 县 C 区部分开闭所及其线路工程已陆续开工。

主要完成人：刘俊勇　张　淦

案例 3

借助“网上电网”服务基层开展项目后评价论证

一、背景介绍

Q 市 BS 循环经济产业园，是国家发展改革委和国家能源局确定的，涉及 Q 市的增量配电业务改革试点之一。截至 2018 年底，试点范围内，用电量 53 000 万 kW·h，主要电压等级为 10kV 的化工企业供电。BS 循环经济产业园，南起 QB 区 SY 乡 SZ 村，北至 HS 区 JJS 乡 JJS 村，西至 QB 区 DHJ 乡，东至 SC 区 LL 乡。根据分析，此区域内 110kV JX 变电站，容量 78MVA，2018 年平均负荷 33.4MW。为了满足增量配电业务的用电需求，以及预防 JX 变电站出现重载问题，2019 年，在 DHJ 110kV 输变电工程项目中投运 110kV ST 变电站。现根据“网上电网”运行数据分析，对 DHJ 110kV 输变电工程进行项目后评价工作。

二、应用详情

（一）具体项目信息：Q 市市区 DHJ 110kV 输变电工程

近年来，BS 循环经济产业园区域内负荷增长迅速，供电能力难以满足地区负荷增长需求。为满足 BS 循环经济产业园增量配电网用电需求，亟需扩建变电站。该项目在 2019 年投运，扩建变电站为 110kV ST 变电站，在保障电网安全基础上，取得了很好的经济效益，达到预期扩建目标。

Q 市市区 DHJ 110kV 输变电工程的实施，一是满足了增量配电业务和新接入用户的用电需求，为以后更多的用户接入提前做好准备，二是稳定了电源发电，根据数据显示，Q 市市区 DHJ 110kV 输变电工程投运后，该区域变电站负荷未出现重载及其他用电问题。

利用“网上电网”平台，则可直观、便捷的看到项目的实施情况和进度，并且可以根据“网上电网”对设备的负荷监测数据，分析项目实施后对该区域的影响。

（二）具体操作流程

基于“网上电网”的功能，开展项目后评价，具体应用展示如下。

1. 项目与设备关联

在系统首页中，点击左侧底端“四宫格”按钮，点击“项目后评价”功能模块，点击“设备关联”，选择“35kV 及以上项目投产设备关联”，选择实际投产时间为 2019～2020 年，点击“Q 市市区 DHJ 110kV 输变电工程”项目名称，可以看到项目和设备的关联情况（见图 1），也可以进行关联设备和解除关联操作（见图 2）。

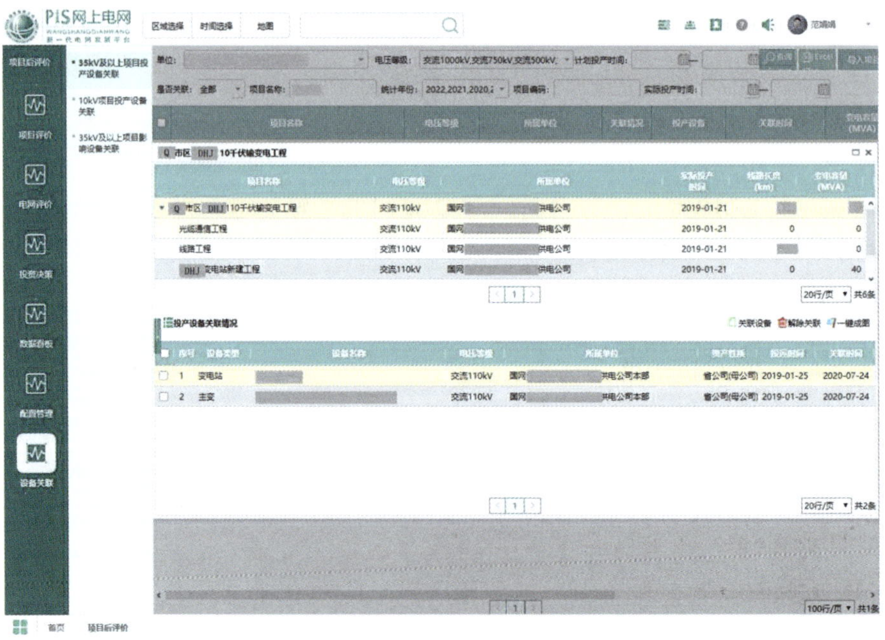

图 1　项目与设备关联情况示意图

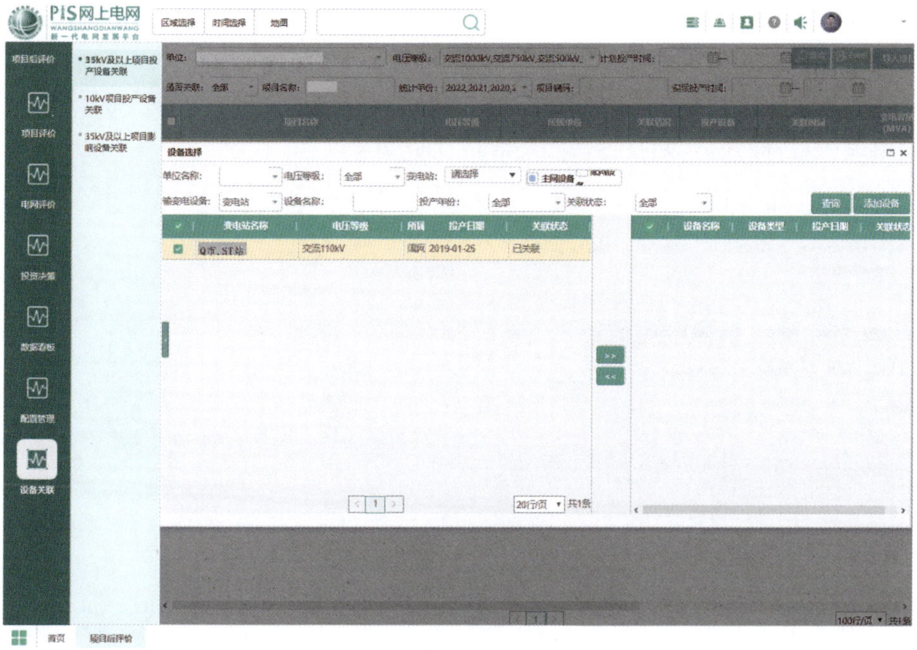

图 2　对项目进行设备关联示意图

2. 查看项目后评价

在系统首页中，点击左侧底端“四宫格”按钮，点击“项目后评价”功能模块，点击“项目与评价”，点击“Q 市市区 DHJ 110kV 输变电工程”项目名称，有“查看详情”“项目必要性”“项目评价”“综合得分”等功能。

点击“查看详情”，可以看到项目的基本信息（见图 3）。

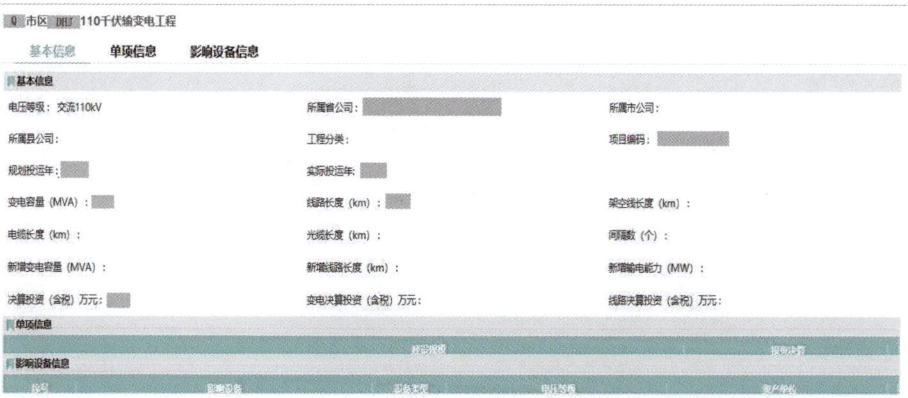

图 3　投产项目基本信息示意图

点击“项目评价”，可以看到最上面是项目的一些基本信息，下面是项目的综合评价和评分。在项目评价页面中，点击“运行效率评价”，可以查看投产设备的具体运行信息（见图 4）。还可以看到对项目的供电裕度、负载水平、利用率、重过载时长和是否达产的评价（见图 5）。

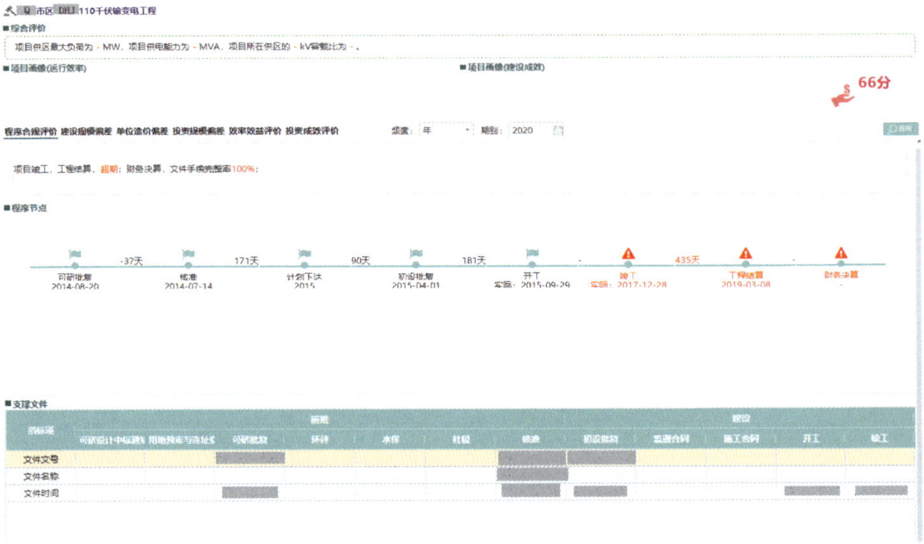

图 4　程序合规评价示意图

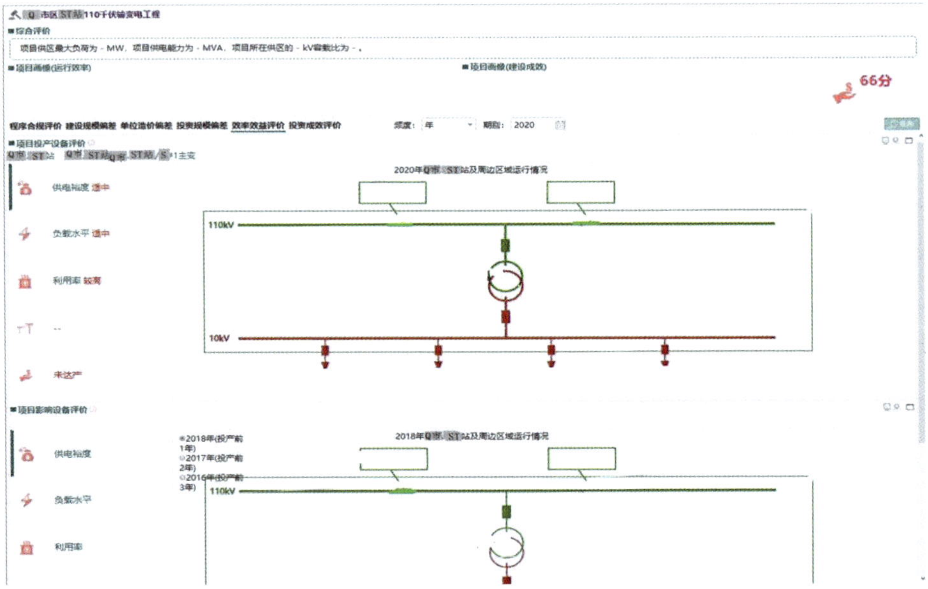

图 5　投产项目评价示意图

点击“综合得分”，可以看到项目的综合评分、各类别评分情况、各指标评分情况和项目负荷利用情况（见图 6）。

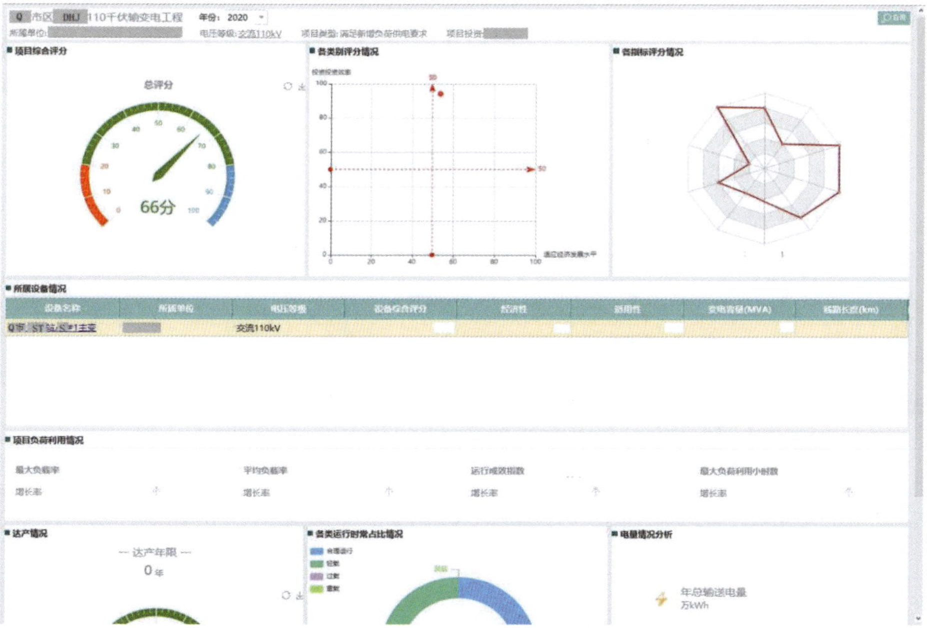

图 6　投产项目综合得分示意图

（三）具体成果展

据“网上电网”数据显示，BS 循环产业园内 JX 变电站，2018 年平均负荷为 30.8MW，2019 年平均负荷为 31.7MW，2020 年平均负荷为 32.42MW。可以看出，JX 变电站的负荷是持续增大的。据估算，2019 年为了满足增量配电业务用电需求，如果不扩建新的变电站，JX 变电站可能会出现重过载现象。Q 市市区 DHJ 110kV 输变电工程 ST 变电站的投运，满足了新用户接入用电的需求，避免了 JX 变电站出现重过载现象。

三、成效总结

通过“网上电网”Q 市市区 DHJ 110kV 输变电工程项目后评价，可以看出，线上后评价极大缓解了传统后评价的众多痛点，具备包括如下几个方面：

1. 大幅提升数据真实性

针对项目后评价工作，过往管理方式一般为数据线下申报，申报数据往往与真实值存在偏差，数据链条越长，数据失真越严重，且数据真实性校对、核实成本均较大，管理颗粒度提升存在瓶颈。通过“网上电网”系统应用，可直接采集真实数据，不受可能存在错误影响，便于掌握真实情况，明确管理思路，针对实际问题提出解决方案。

2. 有利于专业协同，末端融合

按照原有管理方式，各专业间存在业务壁垒，表现为“各扫门前雪”“各讲各话”等情况。遇到需要部门间联动的复杂工作时，协调、沟通、督办等，管理成本不断放大。使用“网上电网”系统后，采取末端融合的方式，打破部门壁垒，各专业自发组织为虚拟的工作小组，有利于各专业各司其职、各尽其事，大大提升了工作效率。

3. 指标的自动统计和展示

指标作为工作的阶段性评价，由于其复杂性、敏感性、阶段性等特点，易受外界条件影响而出现偏差，不利于管理人员统筹掌握工作薄弱点等真实情况。“网上电网”通过既定规则对指标的自动统计和展示，使指标数据可追溯、失分原因可分析、提升措施可提示，提高了指标的连续性、可信性、公正性。

4. 提高人员工作效率

“网上电网”系统上线后，通过与各个平台的数据接入、自动分析、图表生成，有效代替了过去主要靠管理人员电话询问、手动统计、手动分析的工作方式。实现数据平台化、公开化、可视化，避免了管理人员反复统计、数据错漏等情况，有效提升了工作效率。

主要完成人： 窦红霞　徐亚伟　王　东

案例 4

依托“网上电网”服务城市高质量发展

一、背景介绍

F 市为服务城市高质量发展，已打造出较好的营商环境，创新了“企业作甲方、政府当乙方”签约模式，推进了投资项目审批“容缺办理”“多评合一”等审批制度改革，为企业提供了“服务管家”，定制了“综合服务包”，努力做到企业有所“需”、政府必有“应”。F 市先后被确定为全国首批国家智慧城市、全国森林康养基地等 50 多个国家级、省级试点市，是河南省典型的试点经济城市。

这离不开 F 供电公司提供及时、有效、准确的数据支撑。通过应用“网上电网”“同期电量监测”“售电量监测”功能，分析行业用电量变化与政府政策、行业发展的关系，并每月向政府相关部门提供月报，为政府制定相关政策、考察政策执行情况提供有效数据支撑。传统的统计方式效率低，统计周期长，统计数据往往差强人意。通过“网上电网”系统的应用，解决了公司不定期向政府部门及上级部门提供全社会用电量的难题。

二、应用详情

为分析 F 市经济变化情况，更好地帮助政府决策提供可靠的数据支撑，首先需对地区售电量现状情况进行统计。

1. 地区售电量水平分析

利用“售电量监测”模块，进入“电量监测”功能，选中“地区售电量监测”，可以查到，2020 年 12 月 16 日 F 市地区总售电量为 5206 万 kW·h，F 市

SY 区 513 万 kW·h，LY 区 502kW·h，SF 区 907kW·h，Q 县 360 万 kW·h，L 县 272 万 kW·h，S 县 343 万 kW·h，Y 县 607 万 kW·h，C 市 783 万 kW·h，U 县 551 万 kW·h，Z 县 368 万 kW·h。较 2019 年增长分别达到 86.16%、101.43%、−31.53%、34.19%、48.18%、23%、34.49%、32.24%、37.62%、43.34%。初步分析，F 市地区售电量呈增长趋势，SY 区和 LY 区增长较快，SF 区呈下降趋势（见图 1）。

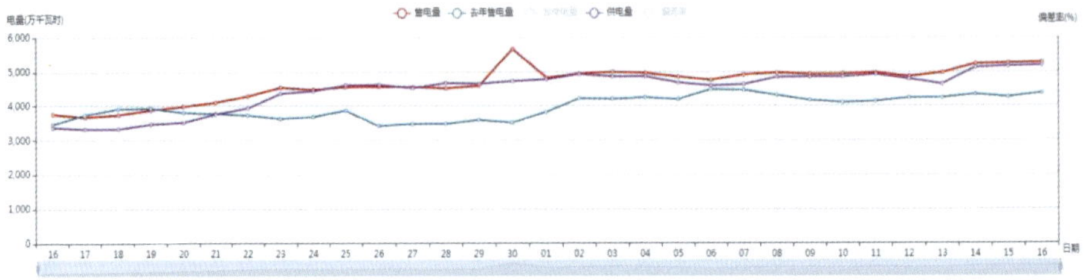

图 1　F 市地区售电量呈增长趋势示意图

2. 行业售电量分析

为进一步掌握行业售电量增长情况，通过点击“电量监测标签”中的“行业售电量”按钮，进入“日行业售电量”标签，选择时间 2020 年 12 月 16 日，可以看到 F 市 2020 年 11 月 16 日～12 月 16 日的行业售电量曲线（见图 2）。再通过点击“月行业售电量”按钮，选择时间 2020 年 11 月，可以看到 F 市 2020 年 1～11 月的行业售电量曲线（见图 3）。导出数据可形成报送政府部门的月报初稿。

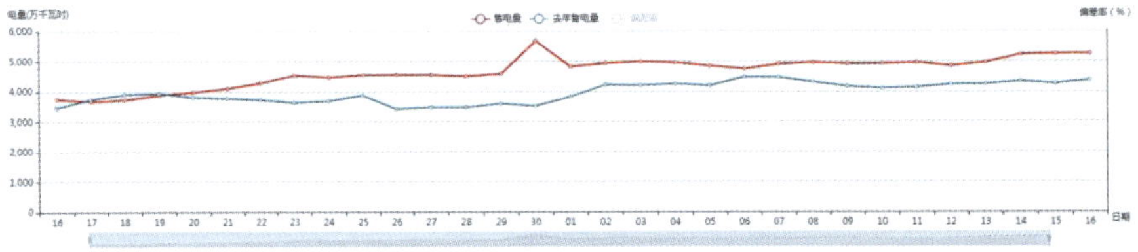

图 2　日行业售电量曲线示意图

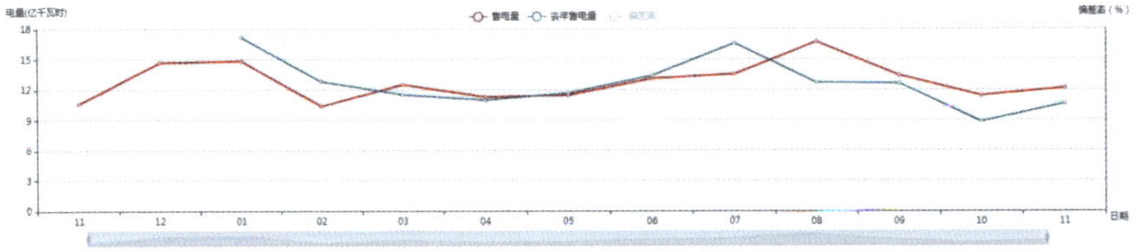

图 3　月行业售电量曲线示意图

3. 全行业用电结构分析

F 市 1997 年建市，现辖七县三区 10 个行政区，面积 10 704km^2，常住人口 740 万。F 市产业兴旺、发展独具特色。F 市的农业现代化水平全国领先，也是全省达到国家农业现代化目标的城市之一。产业结构相对稳定，第一产业用电量同比增长 5%证明了这一点。从 2020 年，第二产业用电量同比增长 12.5%的数据分析，结合 F 市实际情况，得出以下结论：F 市是全国重要的镁精深加工产业基地；全省重要的煤炭、电力、水泥生产基地；全省重要的汽车及零部件产业、精细煤化工产业基地等。同时，去年因老工业基地调整改造成效明显，受到了国务院的激励表彰。从第三产业用电量同比增长 0.3%，可得出结论：虽然 F 市目前正在着力打造汽车电子电器与新能源汽车、清洁能源与新材料、绿色食品 3 个千亿级产业集群，建设全省重要的人工智能产业基地、区域性大数据中心城市和豫东重要物流节点城市，但仍处在试点建设阶段。因此，虽潜力巨大，但目前用电量变化不大。

综上可得出结论：F 市强化创新驱动，加快产业升级，坚定不移推进供给侧结构性改革，全市经济保持“稳中向好”的发展态势，产业结构持续优化，新动能不断增强。用电结构比例（见表 1）。

表 1　　用电结构比例

时间	全社会用电量（kW·h）	用电结构比例（%）			
		第一产业	第二产业	第三产业	生活用电
2019 年 1～11 月	41.2	3.12	48.91	25.24	22.73
2020 年 1～11 月	44.7	3.04	51.22	23.56	22.18

三、成效总结

全社会用电量业务使用传统工作方式，需要每月月初采用线下模式，跨专业收集公司全口径统计售电量、经营区域内市公司直管的 110kV 和 220kV 大用户电量，同时还要收集地方电厂综合厂用电量、自发自用电量等。与使用“网上电网”进行优劣对比（见表 2）。

表2　　传统工作方式与使用"网上电网"工作方式优劣对比

类型	传统工作方式	使用"网上电网"工作方式
时效性方面	获取电量时效性较差，需要统计人员定期收集数据，无法做到想要即有、想用能用的数据管理的要求	电量数据 $T-2$ 自动获取，数据时效性得到保证，无需人为收集，工作量得到减轻
有效性方面	数据痕迹化不明显，传统全社会电量业务需要统计人员定期手动维护，工作质量难以有效保证，缺乏系统的数据准确性校验机制，需要统计人员人工校核	系统自动取数，自动统计，修改有痕迹，历史可追溯，责任有落实。保证数据逻辑正确的同时可兼顾真实性
高效性方面	未实现大规划计划系统与生产、调度、营销数据的融合共享，无法实时追踪行业重点用户电量、负荷等变化的数据，为生产经营和电网规划提供支撑不够	系统实现数据共享，大大减轻数据收集工作量，实时精确数据分析，大大缩短试错周期，提高统计效率及准确性

对比使用"网上电网"和按照传统作业方式，"网上电网"将大幅提升资源整合，有力提高以下两个方面工作成效。

一是通过"网上电网"融合共享，实现全业务电量数据的流通，大幅缩短获取电量数据的时间，提升电量数据的准确性，提高了人员工作效率，用电量数据发布可提升至日频次，用电数据作为经济的"晴雨表"优势更加凸显。

二是支持疫情复工复产，通过"网上电网"，直接追踪与疫情复工复产相关的用户电量数据，通过大数据分析比对，及时为政府提供相关疫情复工复产企业用电数据分析，为当地政府疫情复工复产形势分析和决策提供依据。

公司及时把脉全社会用电结构变化情况，形成月度全社会用电报告，报送政府主要领导以及各有关部门，积极为政府决策提供准确翔实的数据参考。F市2021年1～8月各县（市）用电量情况（见表3）；F市2021年8月三区电量情况（见表4）。

表3　　2021年1～8月份各县（市）用电量情况表　　（万kW·h/%）

各县（市）	全社会用电量				工业用电量			
	8月全社会		1～8月全社会		8月工业		1～8月工业	
	电量	增速	电量	增速	电量	增速	电量	增速
C市	38 660.5	7.83	287 933.72	15.61	23 073.85	−2.26	189 423.17	14.88
Y县	18 675.22	12.12	135 226.43	23.92	7808.72	−4.84	61 183.25	38.42
U县	14 553.04	3.73	112 915.79	18.92	3391.93	−37.27	35 306.96	22.3
L县	10 820.26	34.78	67 504.19	21.7	2307.37	4.79	17 724.2	16.93
S县	11 760	27.51	78 279.2	11.24	3129.26	6.97	20 797.14	8.58
Q县	12 662.28	26.49	85 214.38	17.14	3326.58	7.03	23 209.16	19.99

续表

各县（市）	全社会用电量				工业用电量			
	8 月全社会		1～8 月全社会		8 月工业		1～8 月工业	
	电量	增速	电量	增速	电量	增速	电量	增速
Z 县	13 231.61	31.69	85 292.41	19.03	2579.98	6.96	21 008.25	24.57
合计	120 362.91	15.86	852 366.11	17.84	45617.71	−4.52	368 652.13	19.31

表 4　2021 年 8 月 F 市三区电量情况表　（万 kW · h/%）

单位	8 月全社会用电量	同比	1～8 月全社会用电量	8 月工业用电量	同比	1～8 月工业用电量
SY 区	18 196.59	17.92	121 719.05	3447.25	−21.08	27 843.17
LY 区	17 453.12	−2.49	129 901.37	3115.38	−44.42	28 824.48
SF 区	9582.16	9.15	68 922.39	2792.05	−14.77	23 271.18
合计	45 231.877	7.72	320 542.81	9354.68	−29.16	79 938.83

借助“网上电网”，实时展现经营区域内的全社会用电量和分行业用电量，为电量和负荷预测提供科学的依据，为政府决策提供可靠的数据支撑。通过对用电量数据深加工，进一步对区域能耗分析做优、做细，指导电网科学规划，电网投资精准落地，全面降低能耗水平。

综上，通过使用“网上电网”，将实现生产、调度、营销数据的融合共享，可直观的分析重点行业，重点用户的用电情况，通过实时的供售电量分析，及时对用户的计量异常进行处理。同时对存在窃电嫌疑用户进行数据分析，及时发现及时处理。还可对公司后期售电量做综合分析，对公司的有序用电，售电战略调整起到极大促进作用。

主要完成人：程　佳　张俊杰　楚文豪　吕莉源

第九章

夯实数据应用基础

◎ **案例 1**　《数据中台和“网上电网”性能同步调优》

◎ **案例 2**　《基于数据中台开展调度运行数据补录》

案例 1 主要针对“网上电网”在“负载率”等，指标计算时表现出的计算效能不足问题，通过对数据中台，进行动态分区 shuffle、分区排序、orc 表存储格式优化 3 项优化措施，以及对“网上电网”系统，进行 Spark Commit 算法优化、元数据索引优化、删除分区策略优化、升级 MRS 补丁包 4 项优化措施，实现了数据中台和“网上电网”性能同步调优，将整体计算效率提升了 5 倍。不仅保障了任务的顺利完成，也为后续工作开展奠定了坚实基础。同时，形成典型经验在公司系统推广应用，为“网上电网”整体建设工作顺利推进作出了重要贡献。

案例 2 主要针对调度 EMS 系统运行数据 E 文件推送至“网上电网”过程中发生缺失情况，开展了“网上电网应用端、数据中台端、调度系统源端”的全链条数据核查，研究制定历史数据补录技术方案。根据业务应用端核查出的数据缺失清单，由中台组协同源端调度专业登录达梦数据库，优化数据生成抽取的 SQL，并将数据导出达梦数据库至中台，最后进行数据的合并和迁移。保障了中台数据与源端数据一致，提升“网上电网”主网运行数据接入完整率达到 98%及以上，满足了总部考核要求和应用需求。推动了跨专业数据规范接入和融合，为加快构建与物理电网高度一致的数字孪生电网、促进企业级数据资源共享、高质量支撑业务应用提供了坚实支撑。

案例 1

数据中台和“网上电网”性能同步调优

一、背景介绍

根据国家电网有限公司统一部署，国网河南省电力公司于 2019 年 12 月建成华为数据中台，2020 年 5 月完成对“网上电网”功能支撑的硬软件部署等工作。2020 年 7 月基于华为数据中台，首次开展主网“负载率”等指标计算。其间，出现了计算效能低下的问题，严重影响建设应用进度。为此，国网河南省电力公司勇于创新、攻坚克难，在短期内全面系统性实施了数据中台和“网上电网”共 7 个方面的优化措施，将月度“负载率”指标计算效率提升了 5 倍，保障了该期任务的顺利完成。同时，编制优化措施典型经验，在公司系统迅速推广，积极协助全国 14 家单位显著提升了数据中台性能，为公司“网上电网”整体建设应用工作提供了重要技术支撑。

二、应用详情

（一）数据中台硬软件部署

在 2019 年 12 月建成华为数据中台的基础上，2020 年 5 月完成对“网上电网”功能支撑的软硬件部署，包括数据库、中间件、应用服务、接口服务的软硬件资源分配和构建，以及数据中台租户和计算资源配置等工作（见图 1），为“网上电网”推广实施工作奠定了坚实基础。

图 1　资源配置示意图

（二）问题初步分析处理

2020 年 7 月，基于数据中台首次开展主网“负载率”等指标计算。其间，出现了计算效能低下的问题。具体为：计算月度“负载率”需 3～4h，估算完成当期任务共需 324h（约 13.5 天），陷入无法按期完成任务的困境，严重影响建设应用进度。

对此，协调中台项目组，为“网上电网”分配充足的数据中台资源，优先保障“网上电网”计算任务。同时，协调华为技术专家对计算逻辑、中台资源配置策略进行调优。再次计算后，月度“负载率”指标计算平均耗时 211min。随后，又采用并发计算方式，同时开 3～5 个任务，效率无明显改善（见图 2）。

图 2　国网河南省电力公司华为数据中台计算耗时示意图

（三）协同兄弟单位比较分析

鉴于上述情况，协同国网 SC、JS 省电力公司开展了中台性能比较分析。

一是与国网 SC 省电力公司等华为中台性能对比。经沟通咨询国网 SC 省电力公司等使用华为中台的兄弟单位，得到的结果是：其计算性能与河南中台接近。如国网 SC 省电力公司，其数据规模明显小于国网河南省电力公司的情况下，月度“负载率”指标计算平均耗时 155min（见图 3）。

二是与国网 JS 省电力公司等阿里中台性能对比。经沟通咨询国网 JS 省电力公司等使用阿里中台的兄弟单位，得到的结果是：其计算性能是国网河南省电力公司华为中台的 5～10 倍。如国网 JS 省电力公司，数据规模略大于国网河南省电力公司的情况下，月度“负载率”指标计算平均耗时 50min，可并发 5 个任务（见图 4）。

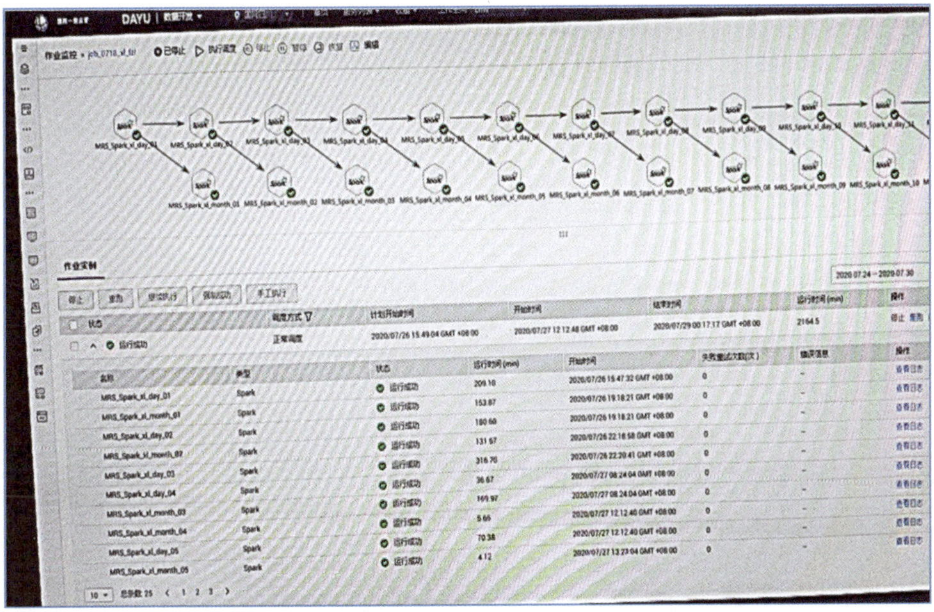

图 3　国网 SC 省电力公司华为数据中台计算耗时示意图

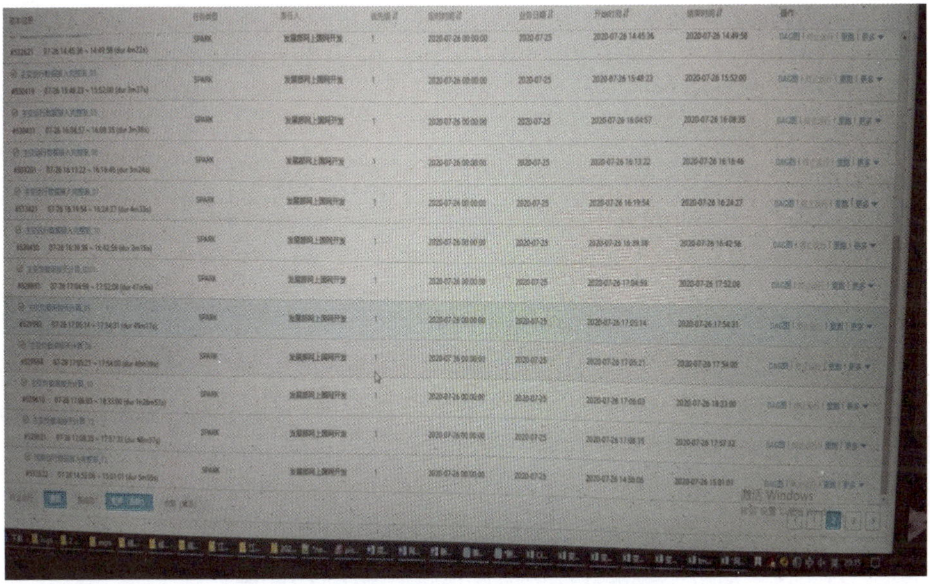

图 4　国网 JS 省电力公司阿里数据中台计算耗时示意图

（四）制订优化措施并调优

通过上述分析处理，初步将问题判断定位为：华为数据中台与“网上电网”协同适配性系统问题。国网河南省电力公司迅速向总部汇报，取得理解支持与技术指导。并在国网互联网部直接关注下，快速对接普华、腾龙、国电通三方成立的现场技术帮扶小组，全面开展分析调试、问题判断定位、制定优化措施、逐项进行调优。经过团队日夜加班、共同攻坚，在短期内全面系统性制定并实施了数据中台和“网上电网”共 7 方面的优化措施。最终，将月度“负载率”指标计算时长由 3～4h 缩短为 40～50min，保障了当期任务的顺利完成。

1. 华为数据中台调优方面

措施 1：动态分区 shuffle 优化

存在不足：Spark 程序以动态分区的方式写入 hive 表时，会出现大量的小文件，导致最后移动文件到 hive 表目录非常耗时。这是因为在 shuffle 时各个分区的数据随机落到 Spark 的多个 task 中，每个 task 都会写多个分区文件，导致每个分区文件都比较小。

调优方法：按照分区字段将各个分区的数据尽量集中在一起，在 spark sql 中就是通过 distribute by 关键字来完成这个功能。例如 PIS 业务写入 Hive 表的程序修改为：

```
    insert overwrite table
hive_view_amr_eas.DWS_PIS_IEQ_TE_MT_DATA_LOAD
    select * from temp_IEQ_TE_MT_DATA_LOAD
    distribute by city, periods
```

取得成效：通过该优化 Hive 表文件数量由 25 万减少到 5 万。执行用时由原来的 4h 优化到 2h。

措施 2：分区排序优化

存在不足：通过动态分区 shuffle 优化之后，每一个 hive 分区的数据都会集中在一个 spark task 中，但是由于 hive 分区的数量远远大于 spark task 数量，所以一个 task 中会包含多个 hive 分区的数据，即 task 与 hive 分区的关系是一对多。每一个 task 会将其包含的数据按照行顺序写入文件，写第一行数据会创建一个新文件。随后，写每行数据都会判断数据所在分区与上一行数据所在分区是否为同一个分区，如果不是就会新建一个文件并将该行数据写入，否则将数据写入上一条数据所在的文件。假设 task 有 n 行数据，在最坏情况下，所有相邻行的数据所在分区都不相同，那么 task 将会写 n 个文件，每个文件一行数据。

调优方法：针对一个 task 中包含 m 个 hive 分区数据情况下，按照分区字段进行排序，那么一个 task 中相同分区的数据就会相邻，最终一个 task 只会写 m 个文件。在 spark sql 中增加 sort by 关键词可完成排序功能。例如：

```
    insert overwrite table
hive_view_amr_eas.DWS_PIS_IEQ_TE_MT_DATA_LOAD
    select * from temp_IEQ_TE_MT_DATA_LOAD
    distribute by city, periods
    sort by city, periods
```

取得成效：分区排序优化将文件数量由 5 万降低到 3000+，执行用时由 2h 优化到 1.5h。

措施 3：ORC 格式优化

存在不足："网上电网"数据中台 Hive 表存储格式默认为 TextFile 格式，TextFile 格式存储时占用空间大，且是行式存储。

调优方法：ORC 是列式存储的文件格式，针对分析型任务，ORC 的列式存储更加适合，且 OrcFile 文件格式自带索引，提高数据读取效率，且数据自带压缩效果。建表时使用 ORC 格式的样例如下：

```
    create table example (c1 string, c2 string)
    stored as orc
```

取得成效：提高数据读取效率，节省存储空间。

2."网上电网"平台调优方面

措施 1：Spark Commit 算法优化

存在不足：在默认 commit v1 算法下，如果输出的小文件过多，导致 commit 过程比较耗时。

调优方法：通过将 commit 算法修改为 v2，设置 spark 任务参数：

spark.hadoop.mapreduce.fileoutputcommitter.algorithm.version=2，每个 task 会直接写入最终目录，相当于将 driver 中串行的 rename 转移到 task 并行的 rename 文件。因此，针对 spark 写 hive 场景推荐使用 v2 commit 算法，在 DAYU 中配置参数（见图 5）：

```
    conf=spark.hadoop.mapreduce.fileoutputcommitter.algorithm.vers
ion=2
```

图 5　DAYU 中配置 Spark Commit 参数示意图

取得成效：减少过程耗时，提升效率。

措施 2：元数据索引优化

存在不足：跟踪“网上电网”计算程序，发现系统批量删除 Hive 分区时耗时较长，单个分区删除时长为 300ms，共计删除 4000+分区。

调优方法：通过对 Hive 底层元数据表增加索引，加快删除分区的数据库操作。该操作需要登录 MRS 集群后台的高斯 DB 数据库中执行。执行语句如：create index on SDS（CD_id）。

取得成效：优化至单个分区删除时长 150ms。

措施 3：删除分区策略优化

存在不足：“网上电网”原删除分区策略为“一级分区单位+二级分区时间”删除模式，会调用 4000+次查询分区的 API，耗时较长。

调优方法：调整为直接通过“二级分区时间”删除模式，修改分区语句：由

```
"alter table hive_view_amr_eas.DWS_PIS_IEQ_TE_MT_DATA_LOAD
drop partition(city=?,periods=?)"修改为
"alter table hive_view_amr_eas.DWS_PIS_IEQ_TE_MT_DATA_LOAD
drop partition(periods=?)"。
```

取得成效：减少调用 API 次数到 31 次，删除分区耗时节省 6～10min。

措施 4：升级 MRS 补丁包

存在不足：当前 SparkSql 入库 hive 方式为串行方式，效率较低。

调优方法：升级 MRS 补丁包，将 SparkSql 入库方式由串行模式优化为并行模式。

取得成效：一个月“负载率”计算时间缩短至 20～30min，大幅提升了计算效率至调优前的 5 倍。

三、成效总结

通过本案例，形成四个方面的成效。一是保障计算任务完成。得益于 7 项优化措施应用，将月度“负载率”指标计算时长由 3～4h 缩短为 40～50min，保障了当期任务的顺利完成。二是显著提升计算效能。实现了数据中台和“网上电网”性能同步调优，将整体计算效率提升了 5 倍，为“网上电网”后续工作开展铺平了道路。三是形成典型工作经验。通过对问题定位、分析方法和调试步骤的总结，制定了应用场景数据中台开发指导参考手册，形成了一套完整的性能调优解决方案，并在公司系统推广应用。四是主动帮扶服务大局，对 TJ、XJ、NMG 等单位进行指导支持，积极协助全国 14 家单位显著提升了数据中台性能，为公司“网上电网”整体建设工作顺利推进作出了重要贡献。

主要完成人：吴军波　邢子涯　刘伯宇　吴　博　赵　东　张　楠

案例 2

基于数据中台开展调度运行数据补录

一、背景介绍

根据国家电网有限公司统一部署，国网河南省电力公司基于数据中台，依托“网上电网”贯通发展、设备、调度、营销等多专业系统，推动源网荷档案、运行数据、项目信息等跨专业数据融合，加快构建与物理电网高度一致的数字孪生电网，促进企业级数据资源共享，支撑智能规划、高效前期、精准投资、精益计划、自动统计的业务应用。

其中，调度运行数据通过 EMS 系统（D5000）以 FTP 通信方式传送 E 文件至数据中台，再推送到“网上电网”，实现主网 35kV 至 500kV 主变压器、输电线路设备的 $T-1$ 运行数据“图数一体”全景可视化，以及信息在线查询、分析和“负载率”“容载比”等指标计算。在这个过程中，发现“网上电网”的调度运行历史数据接入完整率偏低。鉴于此，开展了“网上电网应用端、数据中台端、调度系统源端”的全链条数据核查，发现了 E 文件中有数据缺失现象。针对该情况，制定历史数据补录技术方案，从调度 EMS 源端系统（D5000）重新导出历史数据，再补录至数据中台推送到“网上电网”，保障数据接入完整率达到 98%及以上，满足了总部考核要求和应用需求。

二、应用详情

（一）基于数据中台的“网上电网”架构

“网上电网”为总部、省侧两级数据中台，接入调度、营销、设备等专业系统。整体架构为华为 HCS 8.0 技术路线，搭建数据接入、存储计算、数据应用、数据管理等功能，满足横向跨专业间、纵向不同层级间数据共享、分析挖掘和融通需求（见图 1）。

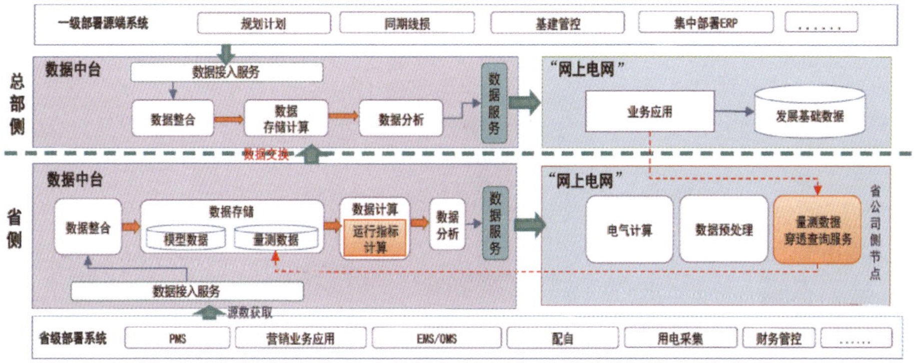

图 1　基于数据中台的“网上电网”架构示意图

（二）调度 EMS 系统（D5000）运行数据接入及问题

调度 EMS 系统将主网 35～500kV 主变压器、输电线路设备的 $T-1$ 运行数据接入“网上电网”，涉及源端省调 EMS、数据中台、应用端“网上电网”三部分。其具体接入通信链路为：省调和地调→省调 FTP 服务器→中台 FTP 服务器→数据中台→“网上电网”（见图 2）。

鉴于“网上电网”的调度运行历史数据接入完整率偏低的情况，针对性开展了“网上电网应用端、数据中台端、调度系统源端”的全链条数据核查，发现了 E 文件中有数据缺失现象。主要为两个原因：一是实时生成 E 文件存在断点（数据为 NULL）。二是 E 文件传送至省调 FTP 过程中，由于网络原因造成文件缺失。

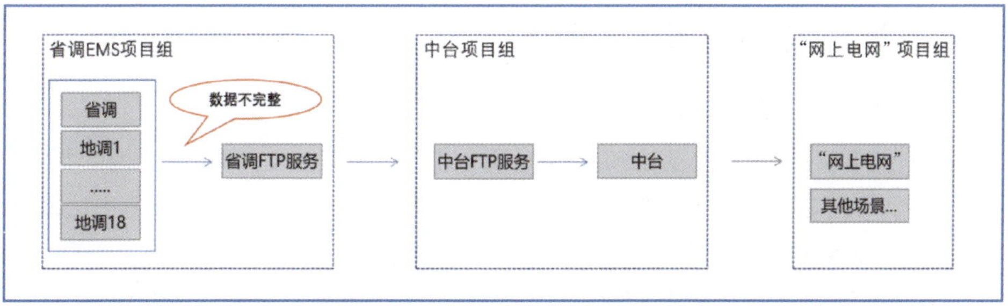

图 2　调度 EMS 系统（D5000）运行数据接入通信链路示意图

（三）制定历史数据补录技术方案

1. 对于 $T-1$ 数据

通过 DataBridge 工具连接三区达梦数据库，达梦库按天整合 18 地调的汇总数据，抽取一天历史数据至中台 Mysql 数据库，装入中台实现数据补录，满足 $T-1$ 要求（见图 3）。

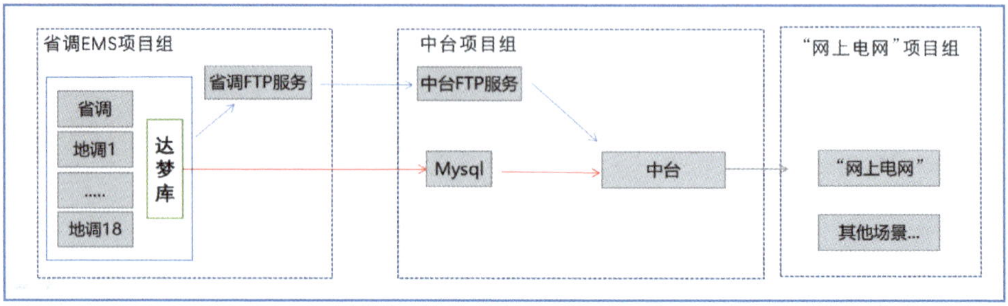

图 3　调度 EMS 系统（D5000）$T-1$ 运行数据补录技术方案示意图

2. 对于 $T-2$ 以上的历史数据

采用批量生成补录文件的方法持续补录至中台（见图 4）。

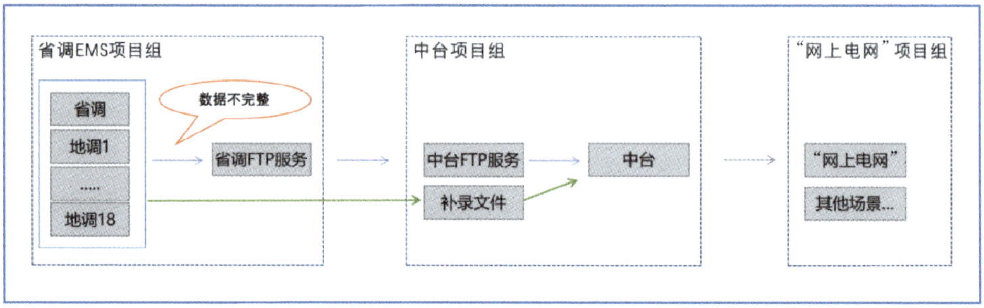

图 4　调度 EMS 系统（D5000）$T-2$ 及以上历史数据补录技术方案示意图

（四）历史数据补录具体过程

1. 主变压器和输电线路缺失信息

一是 35kV 及以上主变压器和线路设备电流、有功、无功缺失日期的数据。二是 35kV 及以上主变压器的电流数据。

2. 优化生成数据抽取的 SQL，导出达梦数据库数据

第一步：调度达梦数据库查询 18 个地市的线路设备和主变压器每个 ID 对应电流、有功、无功的表名和字段，整理为 Excel 文件（见图 5）。

线路ID	电流表名	电流列名	有功表名	有功列名	无功表名	无功列名
116812116022788158	yc_hs_000049	cur_068	yc_hs_000049	cur_058	yc_hs_000049	cur_063
116812116022788237	yc_hs_000096	cur_074	yc_hs_000096	cur_064	yc_hs_000096	cur_069
116812116022788238	yc_hs_000099	cur_003	yc_hs_000098	cur_099	yc_hs_000099	cur_001
116812116022788239	yc_hs_000096	cur_073	yc_hs_000096	cur_063	yc_hs_000096	cur_068
116812116022788240	yc_hs_000099	cur_004	yc_hs_000098	cur_100	yc_hs_000099	cur_002
116812116022788293	yc_hs_000036	cur_093	yc_hs_000036	cur_081	yc_hs_000036	cur_087
116812116022788294	yc_hs_000030	cur_002	yc_hs_000029	cur_094	yc_hs_000029	cur_098
116812116022788295	yc_hs_000036	cur_090	yc_hs_600041	cur_018	yc_hs_000036	cur_084
116812116022788296	yc_hs_000029	cur_100	yc_hs_000029	cur_092	yc_hs_000029	cur_096
116812116022788339	yc_hs_000042	cur_043	yc_hs_000042	cur_014	yc_hs_000042	cur_026
116812116022788340	yc_hs_000060	cur_054	yc_hs_000060	cur_044	yc_hs_000060	cur_049
116812116022788348	yc_hs_000096	cur_046	yc_hs_000096	cur_037	yc_hs_000096	cur_040
116812116022788393	yc_hs_000049	cur_069	yc_hs_000049	cur_059	yc_hs_000049	cur_064
116812116022788394	yc_hs_000040	cur_019	yc_hs_000040	cur_013	yc_hs_000040	cur_016
116812116022788444	yc_hs_000031	cur_024	yc_hs_000031	cur_016	yc_hs_000031	cur_020
116812116022788702	yc_hs_000085	cur_063	yc_hs_000085	cur_059	yc_hs_000085	cur_061
116812116022788704	yc_hs_000085	cur_062	yc_hs_000085	cur_058	yc_hs_000085	cur_060
116812116022788705	yc_hs_000027	cur_099	yc_hs_000028	cur_002	yc_hs_000028	cur_001
116812116022788722	yc_hs_000061	cur_036	yc_hs_000061	cur_022	yc_hs_000061	cur_029
116812116022788728	yc_hs_000061	cur_040	yc_hs_000061	cur_026	yc_hs_000061	cur_033
116812116022788729	yc_hs_000040	cur_018	yc_hs_000040	cur_012	yc_hs_000040	cur_015
116812116022788760	yc_hs_000049	cur_067	yc_hs_000049	cur_057	yc_hs_000049	cur_062

图 5　ID 对应电流表、电流列名，有功表、有功列名，无功表、无功列名示意图

第二步：将每个地市对应的时间节点整理成一个 Excel。其中，第一列格式固定为日期格式 yyyy/mm/dd 或 yyyy－mm－dd。第二列固定为当前地市名称（见图 6）。

	A	B	C	D	E	F	G	H
1	日期	名称	管理单位	电压等级				
2	2019/1/1	焦作	国网河南省公司焦作供电公司	220KV				
3	2019/1/1	焦作	国网河南省公司焦作供电公司	220KV				
4	2019/1/1	焦作	国网河南省公司焦作供电公司	220KV				
5	2019/1/1	焦作	国网河南省公司焦作供电公司	220KV				
6	2019/1/1	焦作	国网河南省公司焦作供电公司	220KV				
7	2019/1/1	焦作	国网河南省公司焦作供电公司	220KV				
8	2019/1/1	焦作	国网河南省公司焦作供电公司	220KV				
9	2019/1/1	焦作	国网河南省公司焦作供电公司	220KV				
10	2019/1/1	焦作	国网河南省公司焦作供电公司	220KV				
11	2019/1/1	焦作	国网河南省公司焦作供电公司	220KV				
12	2019/1/1	焦作	国网河南省公司焦作供电公司	220KV				
13	2019/1/1	焦作	国网河南省公司焦作供电公司	220KV				
14	2019/1/1	焦作	国网河南省公司焦作供电公司	220KV				
15	2019/1/1	焦作	国网河南省公司焦作供电公司	220KV				
16	2019/1/1	焦作	国网河南省公司焦作供电公司	220KV				
17	2019/1/2	南阳	国网河南省公司南阳供电公司	220KV				
18	2019/1/2	南阳	国网河南省公司南阳供电公司	220KV				
19	2019/1/2	南阳	国网河南省公司南阳供电公司	220KV				
20	2019/1/3	郑州	国网河南省公司郑州供电公司	220KV				
21	2019/1/5	信阳	国网河南省公司南阳供电公司	220KV				
22	2019/1/10	郑州	国网河南省公司郑州供电公司	220KV				
23	2019/1/10	郑州	国网河南省公司南阳供电公司	220KV				
24	2019/1/10	信阳	国网河南省公司信阳供电公司	220KV				
25	2019/1/10	驻马店	国网河南省公司南阳供电公司	220KV				
26	2019/1/10	信阳	国网河南省公司信阳供电公司	220KV				
27	2019/1/10	驻马店	国网河南省公司南阳供电公司	220KV				
28	2019/1/10	信阳	[illegible]网河南省公司信阳供电公司	220KV				

图 6　地市对应的时间节点示意图

第三步：根据设备 ID 对应的电流、有功、无功信息及地市对应的时间节点信息，利用程序生成 SQL 脚本。

首先，程序中引用地市对应时间节点信息的文件路径（见图7）。

图7　ID对应电流表和字段存放文件引入路径示意图

其次，程序中引用18个地市的线路设备和主变压器对应信息的文件路径（见图8）。

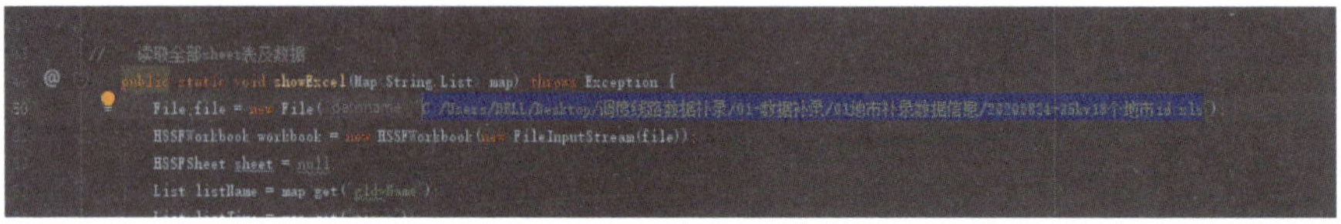

图8　地市对应的时间节点引入路径示意图

最后，修改生成SQL的文件路径（见图9）。

图9　引入生成SQL脚本存放路径示意图

运行程序，生成SQL。在当前打开ExcelUtil.java类页面右键–>Run' ExcelUtil.main()'，操作结束，控制台出现如下：各地市对应的生成的SQL数量和时间节点，然后回到上面步骤中设置的SQL文件路径查看，就可看到各地市对应的SQL脚本（见图10）。

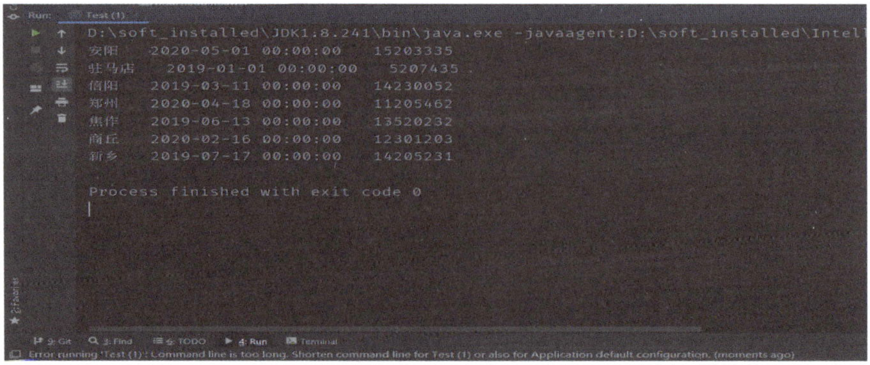

图10　脚本执行完毕控制台输出结果显示示意图

生成的 SQL 脚本（见图 11）。

```
insert into hnrda.hnrda.t_byq_sjbl_data_dl_temp(id,occur_time,val)
select '116812116022789110' as id,to_char(occur_time,'yyyyMMddhh24mi') as occur_time,
round(cur_017,6) as 电流 from hisdb.hisdb.yc_hs_500010
where occur_time>='2019-01-21 00:00:00'
and occur_time<='2019-01-21 23:59:59'
and mod(minute(occur_time),5)=0 and second(occur_time)=0;

insert into hnrda.hnrda.t_byq_sjbl_data_yg_temp(id,occur_time,val)
select '116812116022789110' as id,to_char(occur_time,'yyyyMMddhh24mi') as occur_time,
round(cur_015,6) as 有功 from hisdb.hisdb.yc_hs_500010
where occur_time>='2019-01-21 00:00:00'
and occur_time<='2019-01-21 23:59:59'
and mod(minute(occur_time),5)=0 and second(occur_time)=0;

insert into hnrda.hnrda.t_byq_sjbl_data_wg_temp(id,occur_time,val)
select '116812116022789110' as id,to_char(occur_time,'yyyyMMddhh24mi') as occur_time,
round(cur_016,6) as 无功 from hisdb.hisdb.yc_hs_500010
where occur_time>='2019-01-21 00:00:00'
and occur_time<='2019-01-21 23:59:59'
and mod(minute(occur_time),5)=0 and second(occur_time)=0;
```

图 11 数据插入 SQL 示意图

第四步：分别连接 18 个地市的地调数据库，执行对应地市的 SQL 文件，把数据批量插入对应的电流表、有功表、无功表。

第五步：脚本执行完毕，打开达梦数据迁移工具，通过 SQL 语句批量导出对应地市的电流、有功、无功的 txt 数据文件（见图 12）。

```
select *, 'KF' AS CITY, 'I' AS dl from
hnrda.hnrda.t_byq_sjbl_data_dl_temp limit 1000000 offset 0
```

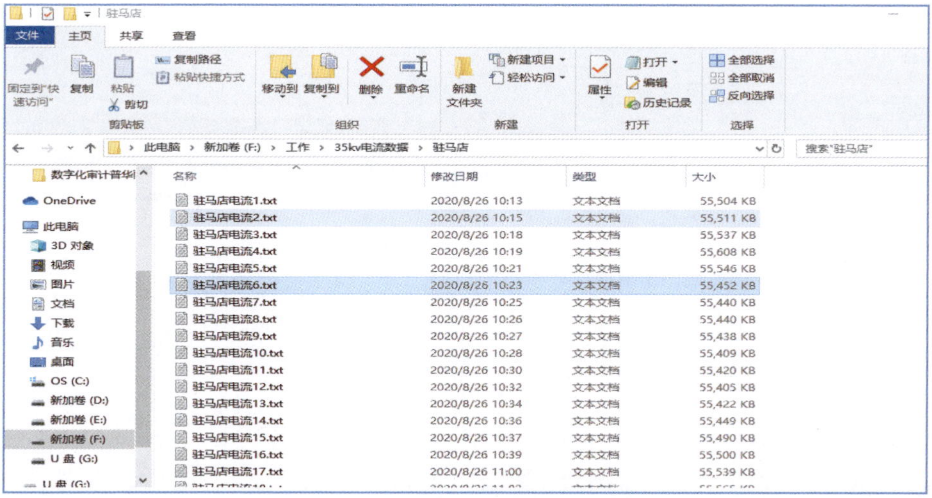

图 12 导出地市 txt 数据文件示意图

3. 数据导入中台并进行合并和迁移

第一步：把从达梦库导出来的数据地市名进行更改，改成英文名，后面加上类型，电流用 I，有功率为 P，无功率为 Q（见图 13）。

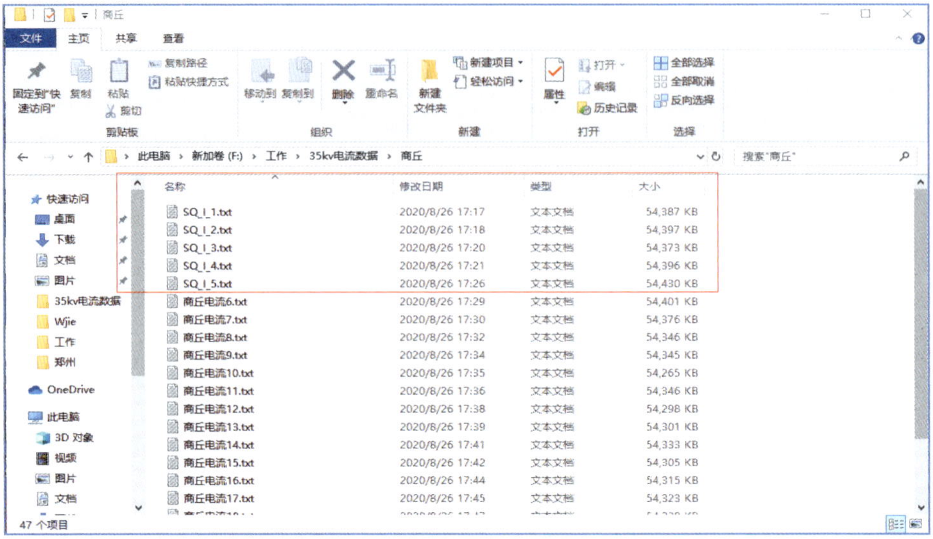

图 13　更改对应地市的文件名示意图

第二步：通过 obs 桶把本地的文件夹上传（见图 14）。

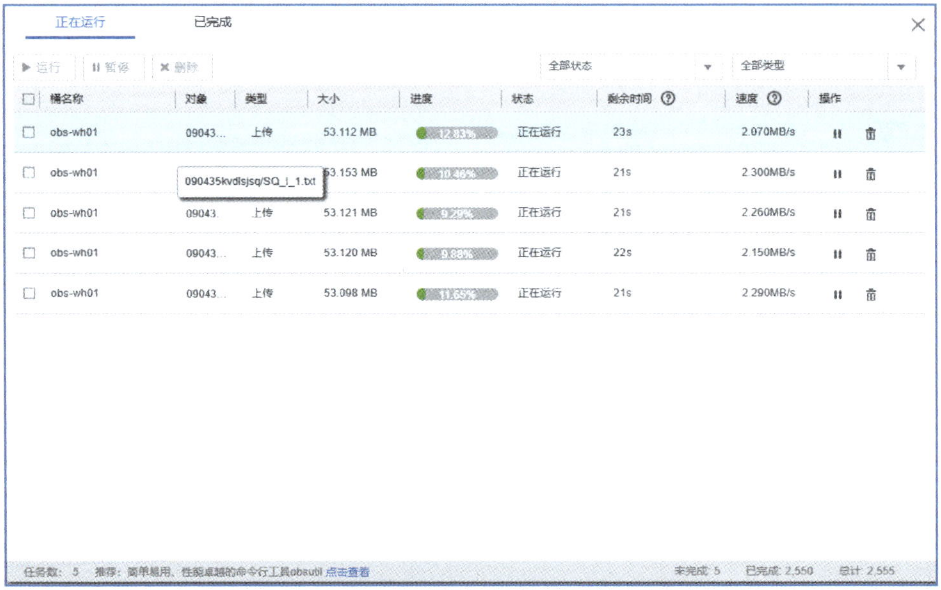

图 14　修改后的文件上传到 obs 桶示意图

第三步：在中台账户上创建一个文件夹把 obs 桶里面的文件通过 cdm 迁过来（见图 15）。

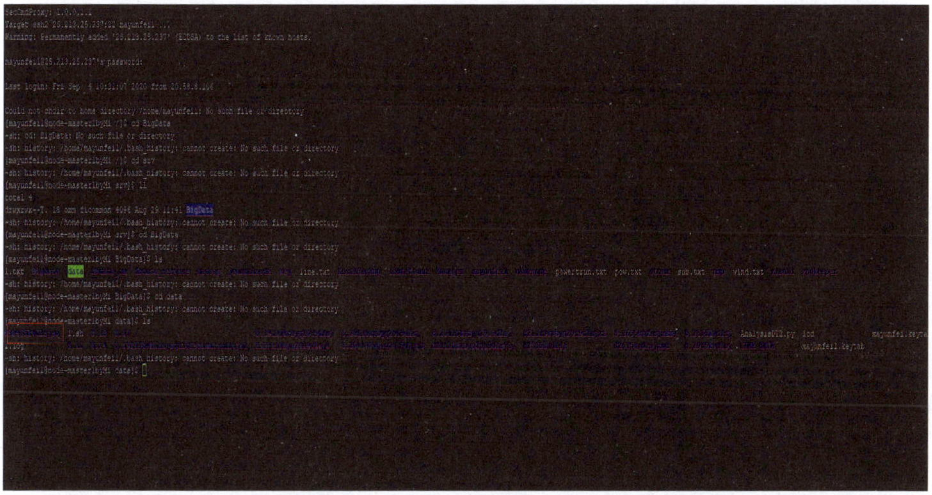

图 15　创建 mayunfei1 服务器下的文件夹示意图

第四步：通过 cmd 作业把文件上传到 mayunfei1 服务器相对应的文件里面（见图 16）。

图 16　创建 cdm 作业示意图

第五步：查看上传的文件是否和本地数据一致（见图 17）。

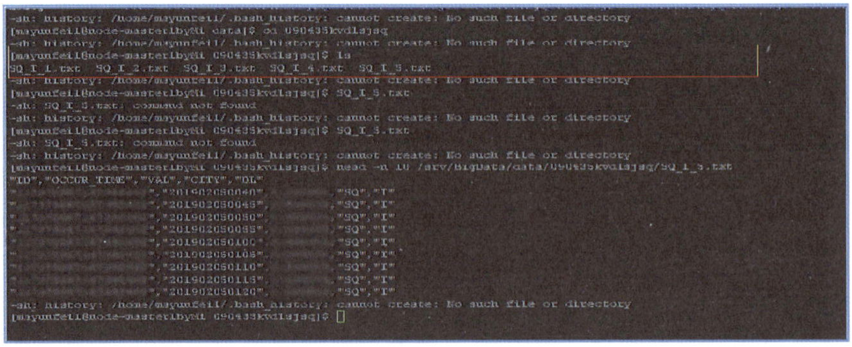

图 17　核对文件数量示意图

第六步：查看数据格式类型（见图 18）。

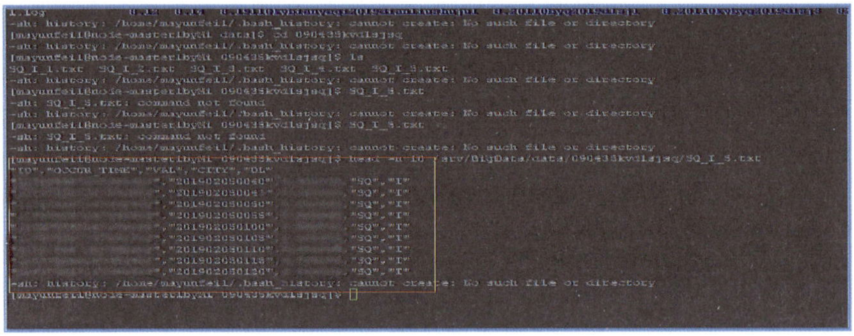

图 18　查询文件格式示意图

第七步：把数据里面的第一行去除，加上类型：电流加上 I，有功加 P，无功加 Q，把数据的双引号去掉（见图 19）。

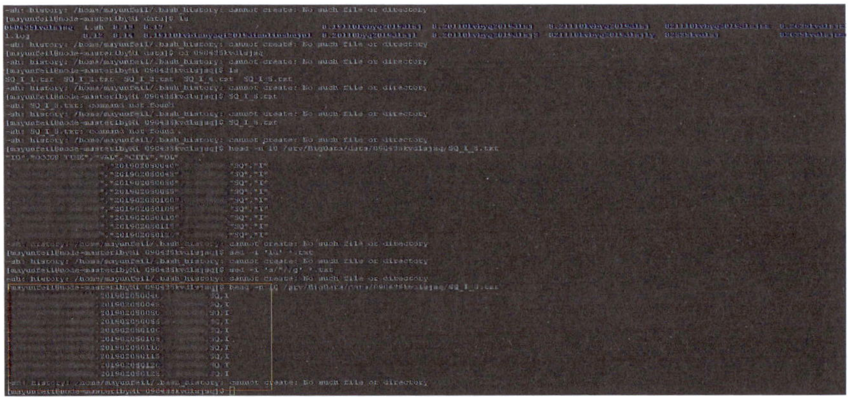

图 19　操作后的数据格式示意图

第八步：在 hive 层建表把数据上传（见图 20）。

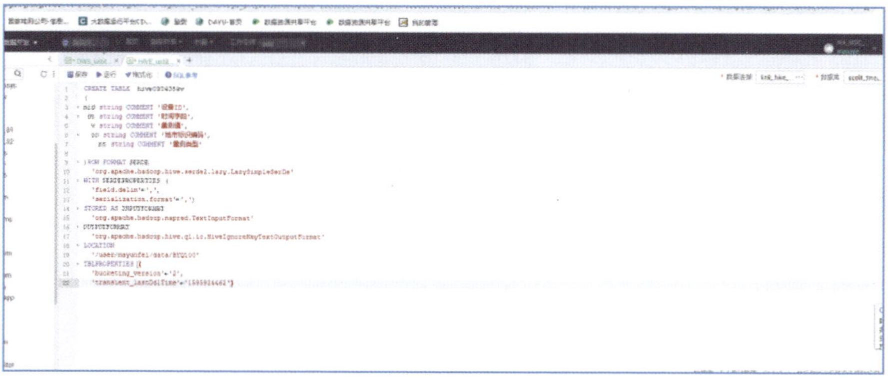

图 20　在 hive 层建表把数据映射成表示意图

第九步：把服务器数据推送到 hive 层新建的表里面（见图 21）。

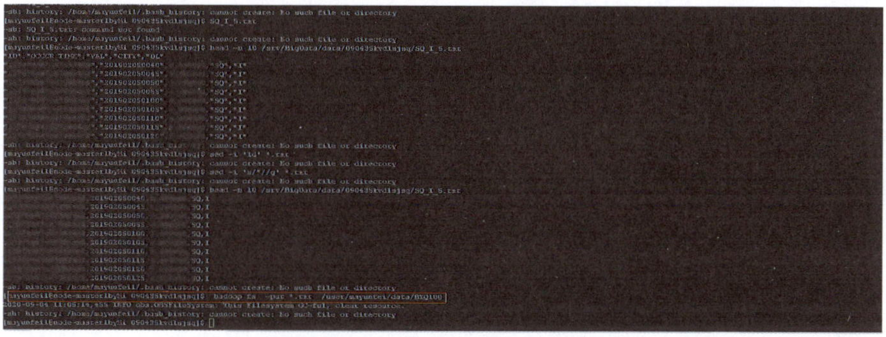

图 21　服务器的数据推送到 hive 层临时表示意图

第十步：在 dws 分析层建表把 hive 层的表迁移进来（见图 22）。

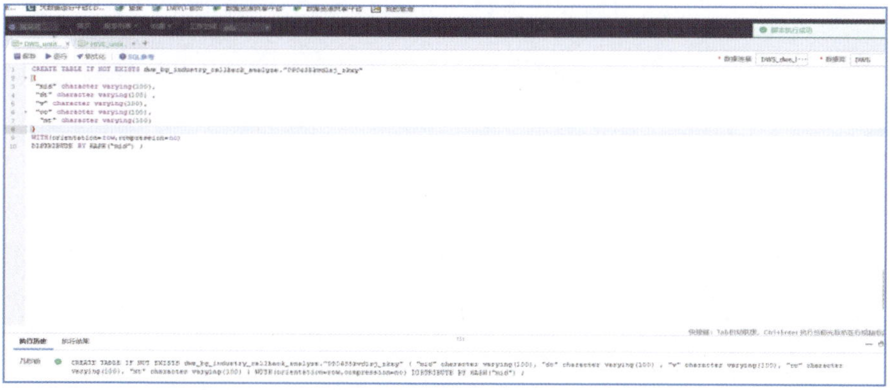

图 22　hive 层表数据迁到 dws 分析层示意图

第十一步：cdm 作业把 hive 层数据迁到 dws 分析层（见图 23）。

图 23　建立 cdm 作业将 dws 表迁移示意图

第十二步：查询已完成 hive 迁移 dws 分析层（见图 24）。

图 24　查询迁数成功数据示意图

第十三步：把 dws 分析层的表以 SQL 转成宽表建立临时表（见图 25）。

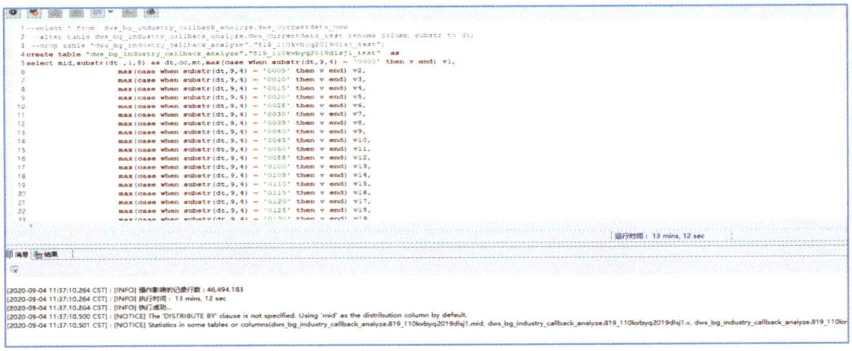

图 25　建立临时表把窄表变成宽表示意图

第十四步： 通过 DWS 临时表补录数据与正式表关联（见图 26）。

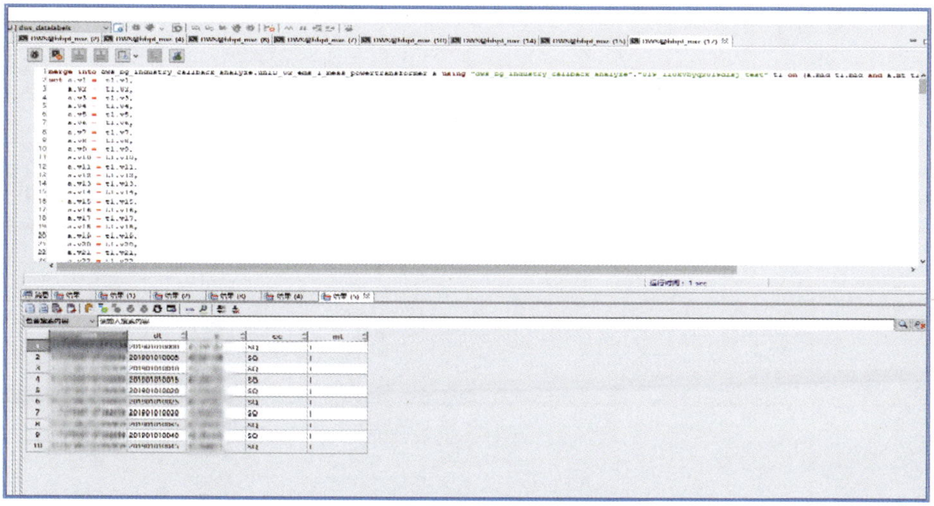

图 26　临时表与正式表关联示意图

第十五步： cdm 将 DWS 库补录后的数据回灌至 hive 表（见图 27）。

图 27　建立 cdm 作业将 dws 层数据迁移至 hive 标准表示意图

第十六步： 配置 java 程序，将 hive 数据装载至 hbase 表中进行数据补录（见图 28）。

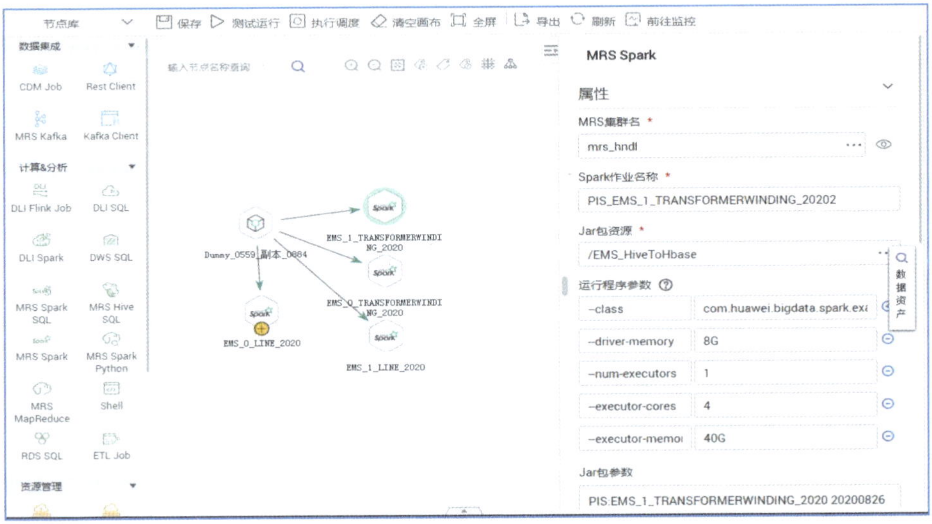

图 28　DAYU 配置 spark 程序作业示意图

三、成效总结

通过本案例，形成四个方面的成效。一是保障“网上电网”调度运行数据接入完整率。指标达到 98%及以上，满足了总部考核要求，满足了主网 35～500kV 主变压器、输电线路设备的运行数据“图数一体”全景可视化，以及信息在线查询、分析和“负载率”“容载比”等指标计算需求。二是形成“应用端、中台端、溯源端”的全链条数据核查机制和方法。以调度运行数据接入补录为样例，研究制定了可行性技术方案，对其他专业系统贯通提供了借鉴，将进一步推动源网荷档案、运行数据、项目信息等跨专业数据的规范接入。三是为构建数字孪生电网支撑业务应用奠定基础。通过多专业系统数据融合，加快构建与物理电网高度一致的数字孪生电网，促进企业级数据资源共享，高质量支撑智能规划、高效前期、精准投资、精益计划、自动统计的业务应用。

主要完成人：吴军波　邢子涯　刘伯宇　吴　博　赵　东　张　楠